101가지 부산을 사랑하는 법

101가지

부산을
사랑하는 법

글 | 김수우 이승헌 송교성 이정임
기획 | 부산연구원

호밀밭

$\boxed{\text{Contents}}$

Part 1

일탈의 떨림,
부산의 그곳이 나를 부른다

Part 2

그 어디에도 없는
부산의 정체성과 만나다

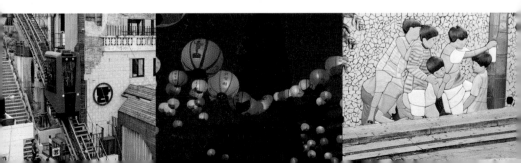

Part 3

짜릿한 만남,
유니크한 부산의 매력에 빠지다

Part 4

인문과 사유의 공간,
부산의 온기를 느끼다

Part 5

기억하는 한,
향기는 지워지지 않는다

Part 6

한 입, 한 입,
또 다시 부산과 사랑에 빠지다

김형균
부산연구원 선임연구위원

**소유냐
경험이냐**

소유냐 경험이냐가 시대의 화두이다.

50여 년 전 시대를 관통하는 화두는 소유냐 존재였다. 그러나 최근의 문제의식은 소유냐 경험이냐다. 소유 그 자체를 위한 소비보다 경험을 위한 소비욕구가 넘쳐난다. 소유를 위한 소비는 '과시적 소비'가 가능하다. 그러나 과시적 소비는 평판의 시대에 공적(公敵)이 될 위험성을 안고 있다. 경험을 위한 소비는 '서사적 소비'가 가능하다. 서사적 소비는 이미지의 창출로 이어진다. 소셜네트워크의 발전은 과시적 소비보다 서사적 소비를 더 선호하게 만들었다.

장소를 소유하기는 어려워도 장소를 경험하는 것은 가능하다. 따라서 장소를 경험하고자 하는 욕구가 어느 때보다도 늘어나고 있다. 특히 독특하고 개성 있는 방식으로 장소를 경험하고자 하는 활동들이 확산되고 있다. 이는 전통적인 관광이라는 틀 안에서 바라볼 수 있는 범위를 넘어서고 있다. 장소 소비, 장소 경험, 장소 서사는 이미지와 맥락 공유의 시대를 강화하고 있다.

특히 최근 라이프스타일의 변화는 하나의 물건을 오래 소유하기보다 다양한 경험을 그때 그때 즐기고자 하는 성향이 강조된다. 이른바 '스트리밍적 경험'이 라이프스타일 전반으로 확장되고 있다. 따라서 보편적인 경험과 감동을 전제로 하는 전통적인 장소 이야기는 다시 쓰여져야 한다. 지금 이 시간에도 세대, 계층, 계절, 분위기에 따라 다양하고 독특한 스트리밍적 장소 경험은 끊임없이 새로 쓰여지고 있다. 더군다나 고정된 공간과 관리적 방식이 아니라, 장소와 장소 경험자들 간의 살아 있는 소통방식으로 새로운 서사는 지속적으로 생성된다.

우리는 여기에 주목한다. 부산의 기존 장소뿐만 아니라 널리 알려지지 않은 장소에 대한 독특한 경험은 부산이라는 도시에 대한 스트리밍적 욕구에 부응하기 위한 시도이다.

다 알지만 잘 모르는 부산

어디가 좋아? 해운대, 서면, 자갈치시장, 광안리, 또 뭐가 있어? 뭐 먹으면 돼? 어디가 맛있어?

색다른 부산을 알기 위해 부산에 사는 지인들에게 한번쯤은 물어봤을 내용이다. 대부분의 사람이 지인 찬스를 통해 알지 못했던 부산의 매력을 만났을 것이고, '역시 부산 사람이야'라고 생각했을 것이다.

반면, 부산 시민은 한번쯤 들어봤을 것 같은 이 질문들에 대해서 어떻게 반응할까? 한 치의 망설임 없이 대답해주는 사람이 있을 것이고, "남들 가는 데 가~"라고 하는 사람도 있을 것이다. 심지어 "없어"라고 하는 사람도 있을 것이다.

과연 부산의 매력은 무엇일까? 이미 많은 사람이 부산의 다양한 장소를 방문하고 있다. 그들은 단순히 장소를 방문하는 것에 그치지 않는다. 진정한 부산 사람을 만나고 싶고, 부산의 생활상과 정서가 담긴 독특한 에스프리가 있는 부산다움을 느끼기를 원한다.

부산을 경험한 사람들이 모두가 공감하고, 서로 공유하고 싶은 부산의 매력을 어떻게 찾을 것인가? 부산 시민이 들려주는 이야기, 부산에서 생활하고 경험한 사람만이 알 수 있는 진짜 부산이야기가 엮여야 할 시기이다.

일상적이지만 특별한 부산의 장소들

장소가 물리적 공간에서 의미 있는 곳으로 바뀌는 것은 사람들의 발자국과 숨결이 더해질 때이다. 관광 팸플릿에 예쁘게 소개되어 있는 명소도 나의 독특한 경험 안으로 들어오지 않는다면 그냥 관광지일 뿐이다. 마찬가지로 평범한 도시의 공간이 역사와 인문적 시야로 재조명될 때 그곳은 단순한 공간이 아니다. 게다가 그 장소에 대한 자기 나름대로의 추억과 경험이 착색될 때 그곳은 의미있는 장소로 피어난다. 앙리 르페브르가 얘기하는 장소를 통한 해방의 경험은 바로 장소 경험이 우리에게 가져다주는 자유의 극치이다.

뉴욕, 런던, 파리, 도쿄 등 유수의 도시들은 《101 Things to do》 서적을 활용하여 각 도시의 매력을 전 세계에 적극적으로 홍보하고 있다. 영어권의 '101'은 '(대학의)기초과정의', '입문의', '기본의'라는 뜻을 가지고 있다. 이는 양적인 측면뿐만 아니라 각 도시를 알기 위한 기본의 의미도 내포하고 있다.

그동안 부산을 알리는 많은 시도들이 부산의 명소, 맛집, 카페 등 다양한 장소 소개에 초점이 맞춰졌다. 이제는 공간을 포함한 장소에 대한 경험을 추가하여 특별함을 부각해보자. 부산은 아직도 알려지지 않은 매력이 많은 도시이다. 이미 잘 알려진 곳이라도 자신만의 경험을 담는다면 그곳은 새로운 장소로 탈바꿈할 것이다.

101가지 장소 경험을 통한 자유를

부산 시민이 알려보자. 《101가지 부산을 사랑하는 법》은 많은 시민이 참여한 사업이다. 부산 시민과 전문가가 발굴한 아이템을 세대별, 권역별, 역사성과 상징성을 고려하여 101가지로 선정하였다.

《101가지 부산을 사랑하는 법》에서 소개하는 101가지의 장소 경험은 공감성(sympathy), 공유성(sharing), 공존성(coexistence)을 가진 탁월하되 보편적인 가치(OUV, Outstanding Unique Value)를 바탕으로 선정하였다. 우수하면서도 독특한 가치를 지닌 장소와 경험을 담고자 노력하였다. 이 OUV기준은 유네스코세계유산 등재의 탁월한 보편적 가치에서 착안하였다.

공감성(sympathy)은 잘 몰랐지만 듣고 보면 꼭 가보고 싶은 곳, 누구나 공감할 수 있는 장소로, 수용성, 대중성, 의미성을 내포한다. 공유성(sharing)은 다양한 장소와 체험 경험을 SNS, 블로그, 유튜브 등 다양한 수단으로 공유할 수 있는 곳으로, 접근성, 개방성, 확산성을 포함한다. 공존성(coexistence)은 낯설지만 독특하면서도 공동적으로 지속되는 경험으로, 유일성, 독특성, 지속성을 나타낸다.

101가지 아이템은 참여와 공감의 원칙을 바탕으로 지역 및 수도권 관광전문가 추천, 시구군 문화관광 담당자 추천, 최근 언론보도 등을 통해 160여개를 1차 선정했다.

그러나 선정된 1차 아이템은 '인물/역사', '원도심', '엔틱'에 집중되어 '럭셔리', '20~30대', '서부산', '액티비티(경험치 중심)'와 관련된 아이템이 부족하다는 판단이 되어 17개의 아이템을 다양한 전문가들의 의견을 반영하여 2차로 추가 선정하였다. 이후 건축가, 시인, 소설가, 문화기획자로 구성된 4명의 집필진과 부산연구원 관련 연구자, 사이트 브랜딩 전문가, 가능성 연구소가 끊임없는 논의를 통해 최종적으로 101개 아이템을 결정하였다.

1인칭 경험만이 아닌 부산 시민이 참여한 우리들이 살아가는 장소 경험과 그 이야기를 같이 펼쳐보면서 장소를 통한 자유를 느끼시기를.

변성완
부산광역시장 권한대행

**부산의
숨겨진 보물을
만난다**

부산을 사랑하는 101가지 법을 전 국민들에게 소개할 수 있는 책자를 발간하게 되어 무척 반갑습니다. 그동안 부산을 소개하는 책자들은 많았습니다. 그러나 이번에는 단순한 여행안내서가 아니라, 부산의 속살이라고 할 수 있는 101가지 지역, 가게, 공간에 대한 장소경험을 정리한 것이라 더욱 의미가 있습니다.

요즘은 도시나 지역을 단순하게 방문하는데 그치지 않습니다. 세대별로 취향별로 그 장소에서의 나름대로 보고 느낀 다양한 경험을 중시여기는 것 같습니다. 또한 그 독특한 경험을 다른 사람과 공유하는 것이 중요한 시대가 되었습니다. 특히 사회관계망 서비스의 활발한 활용은 이러한 흐름을 더욱 강화하고 있습니다. 서로 간의 직·간접적 경험을 공유하는 이른바 경험공유와 공감의 시대로 발전하고 있습니다. 이러한 트렌드를 포착하여 이번에 부산연구원을 중심으로 지역의 작가들과 학자들이 힘을 합쳐 부산을 사랑하고 즐길 수 있는 101가지의 장소경험을 정리하였기에 더욱더 시의성이 있고 그 의미가 돋보입니다.

세계의 많은 도시들이 각자의 방법으로 그 도시를 즐기고 사랑하는 법을 안내하고 있습니다. 그러나 이번 책자처럼 의미 있는 장소선정과 인문학적 사고를 바탕으로 울림을 주는 장소설명과 장소경험을 정리한 책자는 드물다고 생각합니다.

부산은 시간적으로는 근대와 현대가 공간적으로는 바다와 산이 겹쳐진 적층(積層)의 도시입니다. 뿐만 아니라 사람과 물건도 정착과

유동이 섞여 있는 역동적인 도시입니다. 이러한 도시의 특성을 알아가는 데에는 표면적인 것만 봐서는 선뜻 이해하기 어려운 부분이 많습니다. 따라서 이번 책자가 지향하는 오감을 통한 입체적인 장소경험은 도시의 깊숙한 참모습을 제대로 볼 수 있는 좋은 방법이 될 것으로 생각합니다. 이 책자를 보고 나면 말 그대로 부산을 제대로 사랑하는 법을 터득하게 될 것입니다.

특히 여기에는 단순히 필자들의 장소경험만을 담은 것이 아닙니다. 전 국민을 대상으로 한 장소추천 공모, 부산시민이 참여한 시민발굴단 활동 등을 통해 국민들과 시민들의 생생한 경험과 참여가 녹아있습니다. 이러한 참여적 과정과 글쓰기 방식은 도시를 소개하는 작업에 하나의 좋은 사례가 된다고 생각합니다.

부산은 한 번도 안 와 본 사람은 있어도, 한 번만 와 본 사람은 많지 않을 것입니다. 이 책자가 부산을 처음 오고자 하는 분들 뿐만 아니라, 가보긴 가봤는데 뭔가 새로운 곳을 찾고자 하는 분들의 장소욕구를 충족시켜줄 것으로 기대합니다. 무엇보다 부산에 살고 있지만, 부산의 새로운 장소경험을 기대하는 시민들의 바람을 넉넉히 채워줄 것으로 확신합니다.

여기서 소개한 장소들은 부산의 숨겨진 보물 같은 곳입니다. 이 책자를 들고 101가지 장소에 대한 새로운 경험을 하고 있을 시민들과 전국 각지 혹은 외국에서 찾아온 여러분의 즐거운 모습을 그려봅니다.

이해인
수녀. 시인

**바다의
영성을 사는
부산 사람의
기쁨**

저는 경부선 열차를 자주 이용하는 편인데 지금은 없어졌지만 새마을 열차를 타면 부산역에 도착할 즈음엔 꼭 '부산찬가'를 들려주곤 했습니다.

> 수평선을 바라보며 푸른 꿈을 키우고
> 파도소리 들으며 가슴 설레이는
> 여기는 부산 희망의 고향
> 꿈 많은 사람들이 정답게 사는 곳
> 갈매기 떼 나는 곳, 동백꽃도 피는 곳
> 아 너와 나의 부산 영원하리

그리고 보니 저의 부산 사랑은 아주 오래 전에 싹튼 것 같습니다. 제가 만 5살이던 1950년 한국전쟁 때 서울에서 트럭을 타고 가족들이 한 팀은 충청도 쪽으로 한 팀은 부산으로 오게 되었는데 저는 고모, 삼촌과 같이 부산으로 와서 주로 범일동, 서면에서 셋방살이를 하며 성남초등학교에 입학해서 2학년 1학기까지 다니다가 다시 서울로 갔습니다.

어린 마음에도 부산은 대체 어떤 도시이길래 그토록 많은 피난민들에게 방을 내주고 낯선 이들을 가족처럼 대해주는 것일까, 감동받았습니다. 환대의 도시 부산을 떠나서도 제 어머니가 우연히 옛 주인집 아줌마를 만나면 이산가족 상봉처럼 반가워서 어쩔 줄 몰라 했던 기억이 아직도 따뜻하게 남아 있습니다.

제가 중학교 3학년 때 난생 처음으로 본 해운대 바다는 얼마나 아름답고 신비했는지 일생을 바다 같은 사람이 되어 바닷가에서 살고 싶은 갈망과 영원에 대한 그리움이 파도처럼 출렁였습니다. 1964년 지금 살고 있는 부산 광안리 성베네딕도 수녀원에 입회한 후 오늘에 이르기까지 반세기가 넘는 오랜 시간을 살았으니 태어난 곳이 강원도라 할지라도 오래 생활한 이곳이 제 또 하나의 고향임에는 틀림이 없습니다.

수녀원 안과 밖에서 만나는 부산 사람들의 특징을 제가 관찰한대로 요약해봅니다. 표현은 때로 거칠고 투박하지만 속은 깊고 따뜻하다는 것, 좋은 것을 보아도 감탄사를 아끼고 속으로 간직한다는 것. 자신이 선한 일을 하고도 별로 공치사를 하지 않고 대놓고 칭찬받는 걸 쑥스러워한다는 것, 인간관계에선 의리를 중요시 여긴다는 것. 행동보다 말이 앞서지 않는다는 것 등입니다. 이런 것을 저는 이미 일상의 삶에서도 여러 차례 경험하였습니다.

방향이 같은 이유로 우연히 차를 같이 타게 된 분이 저의 행선지를 물어 병원에 동기수녀 면회를 가는 길이라고 했더니 "병실을 어떻게 빈손으로 가요. 오렌지주스라도 한 통 사 들고 가야지요"하며 3만 원을 슬그머니 건네준 일도 잊혀지지 않습니다.

어쩌다 가끔 수녀원 근방에서 친지들과 외식할 기회가 있을 때 계산을 하려고 하면 단지 조금 안면이 있다는 이유로 누군가 이미 계산을 하고 나가 놀란 일이 한두 번이 아닙니다. 같이 밥을 먹던 조카 애가 부산 인심이 이리도 후하냐고, 서울에선 상상할 수 없는 일이라고 감탄을 하기에 그들은 단지 이모가 이름난 시인이라서가 아니고 이미 심성 안에 그러한 관대함을 지니고 있는 것 같다고 답해주었습니다. "나갈 때 한 번쯤 '제가 계산했어요'라고 생색을 낼 수도 있는데 그냥 침묵하고 떠나는 모습이 정말 아름답지 않니?" 하니 "그러게요. 저도 부산 와서 살고 싶네요" 했습니다.

제 주변 사람들이 제게 '부산이 생각보다 참 좋아요' '부산에 대한 선입견을 직접 살고 나서 바꾸게 되었어요'라고 말하면 얼마나 기쁜지 모릅니다. 자칭 부산홍보대사 역할을 하고 있다고 생각할 때도 많습니다. 언젠가 부산에 있는 남자고등학교에서 특강을 한 후 질문 시간이 있었는데 한 학생이 불쑥 부산의 야구에 대해 어떻게 생각하느냐고 물어서 당황한 적이 있었고 그 이후 야구에 대한 관심도 가지면서 추신수, 이대호 선수의 이름까지 외웠습니다.

　　항구도시 부산 사람의 영성은 바다를 닮아 넓게 푸르게 열려 있고 필 때 질 때를 확실히 아는 동백꽃처럼 화끈하고도 분명한 열정의 빛깔이 아닐는지요. 언젠가 한 번은 투어버스를 타고 부산을 돌아보는 공부도 해야지 마음먹고 여러 종류의 지도와 안내서를 챙겨둔 지도 오래되었습니다.

　　수녀원에서 그룹별로 소풍을 갈 적에도 이젠 먼 곳보다 우리가 살고 있는 부산을 선택하자는 의견을 모아 하루나 반나절의 나들이를 하는 즐거움에 맛 들이고 있는 중입니다. 부산에 수십 년을 살고 있어도 아직 못 가본 곳이 너무도 많음을 새삼 놀라워하면서.

　　단순히 감각적으로 먹고 즐기는 장소로서의 부산이 아니라 정성과 혼을 담아서 제대로 보고 공부하고 즐기는 법을 일러주는 가이드북이 있으면 좋겠다고 생각하던 차에 정말 제대로 된 책이 비로소 나오는구나 싶어 얼마나 반갑고 고맙고 기쁜지 모릅니다.

　　목록을 보니 101군데 중에서 그래도 절반 이상은 가본 곳이라 다행이고 아직 못 가본 곳은 우리 수녀님들이나 부산을 방문하는 지인들과 같이 꼭 가보려고 합니다. 부디 《101가지 부산을 사랑하는 법》이 부산에 살고 있는 사람들에겐 익숙하지만 새로운 발견의 기쁨이 되고, 부산을 방문하는 사람들에겐 다시 오고 싶은 기쁨을 주는 아름다운 길잡이의 역할을 할 수 있길 바랍니다. 이 책을 기획, 집필, 편집, 출간하는 일에 최선의 노력과 정성을 다해준 많은 분에게도 시민의 한 사람으로 감사의 마음을 전합니다. 가만히 앉아서 하나의 멋진 뷰

폐상을 선물받은 느낌입니다.

　부산이 갈수록 정치적, 경제적, 문화적으로 낙후되어 실망스럽다고 한탄만 하지 말고 우리 각자가 부산을 위한 진실한 애정을 지니고 무엇을 어떻게 할 수 있을지 지혜를 모으는 계기가 되면 좋겠습니다. 진정 다이나믹 부산(Dynamic Busan)을 만들려면 우리 일상의 삶이 좀 더 올곧고 선하게 길들여져야 하고 우리의 언어가 덕으로 정화되어야 할 것입니다. 그래야만 우리 각자 부산을 빛내는 하나의 명소가 되고, 부산을 홍보하는 명품 외교관이 될 것입니다.

　누군가 해주기만을 바라지 말고 '나부터 지금부터 여기부터' 솔선수범하는 부산의 '바다 사람'이 될 수 있도록 간절히 두 손 모읍니다. 오늘도 변함없이 출렁이는 저 푸른 바다를 보며 제가 쓴 동시 한 편에 기도의 마음을 담으며 이 부족한 축하의 글을 마무리합니다. 누구보다 부산을 사랑하는 한 송이 동백꽃 기도수녀의 마음으로!

　늘 푸르게 살라 한다

　수평선을 바라보며 내 굽은 마음을 곧게
　흰 모래를 바라보며 내 굳은 마음을 부드럽게
　바위를 바라보며 내 약한 마음을 든든하게
　그리고 파도처럼 출렁이는 마음
　갈매기처럼 춤추는 마음

　늘 기쁘게 살라 한다

_ 이해인의 〈바다일기〉

Part.1

일탈의 떨림,
부산의 그곳이 나를 부른다

001

통통배 타고 들어가 본
오륙도등대

등대섬에 내려 1시간 동안
바다낚시를 해보자

글 이승헌

기암괴석으로 된 섬 둘레길을 걸어 들어가 세월을 낚는 강태공의 유유자적한 모습을 본다. 등대 아래 소광장에서 360도 눈을 돌려 망망대해와 해운대, 영도를 관망한다. 다음 배가 오는 1시간 동안 멍 때리기 딱 좋다.

📍 유장하다 | 시원하다 | 황홀하다

부산의, 아니 한반도의 랜드마크

'오류도 돌아가는 연락선마다 목매어 불러 봐도 대답 없는 내 형제여'
〈돌아와요 부산항에〉의 한 구절이다. 오륙도는 언제나 부산을 상징하는 랜드마크다. 실제로 우리나라 한반도 지형의 동해와 남해의 분기점이기도 하다. 마치 바다에 여기서부터는 방위가 바뀐다고 방점을 찍어 놓은 것 같기도 한 곳이 오륙도다.

통통배를 타고, 억겁의 시간 속으로

이기대 끝자락에서 길을 따라 내려가면 유람선 선착장이 나온다. 배삯을 주고 한 시간마다 출발하는 배에 몸을 싣는다. 대부분 낚시꾼들이 배에 탄다. 선장은 걸쭉한 목소리로 섬의 특징과 인근 해역에 대해 설명을 늘어놓는다. 몇몇 낚시꾼이 원하는 섬에 내리고는 채 15분이 걸리지 않아 등대섬에 도착한다. 배를 섬에 바짝 붙여서 접안하면 절묘한 타이밍에 풀쩍 뛰어 건너야 한다. 살짝 긴장된다.

무인도에 남겨진 느낌

한 발짝만 건너왔을 뿐인데도 사람의 발길이 닿지 않았던 원시의 시간에 들어간 듯한 느낌이다. 섬의 허리를 따라 길이 나 있고, 파도에 깎이고 패인 기암괴석은 유장한 시간의 흔적을 고스란히 보여준다. 지그재그로 나 있는 가파른 계단을 오르면 하얀 등대 건물이 나온다. 공중부양한 건물 아래는 망망대해를 앞에 둔 열린 광장

이다. 세찬 바닷바람은 기묘한 소리를 내고, 은빛 바다의 일렁임은 경이롭다. 석양이 내릴 즈음에는 황홀경에 빠진다. 대자연의 위엄 앞에 작은 존재임을 새삼 느낀다.

＋Plus Good Tip

1937년에 불을 밝힌 이 등대는 81년간 유인등대로 관리되다가, 2019년 4월부로 무인화로 전환되었다. 등대지기를 위한 사무 및 숙박공간이 마련되어 있었으나, 이제는 사용하지 않는다. 기존의 등대 공간은 멋지게 바꾸어 활용했으면 하는 바람이다. 오륙도의 의미나 등대의 역사를 음미할 수 있는 전시공간도 가능할 테고, 찾아온 이들이 한 시간 동안 힐링을 할 수 있는 셀프 카페로 조성해도 괜찮지 않을까. 하룻밤 묵어가는 게스트하우스가 된다면 칠흑 같은 어둠의 바다를 경험하는 또 하나의 콘텐츠가 될 수도 있을 것이다.

#오륙도 #선착장 #낚시꾼 #등대지기 #유람선

부산의 바다는
독특한 예술적 잠재력을 갖고 있습니다.
-라민, 세계적인 프랑스 출신 해양 일러스트레이터

002

바다로 뻗은 전망대
남항 바닷길

낮은 곳에서 평등하게 마주하는
남항 바닷길

글 송교성

내려다보는 조망이 아니라 눈높이를 맞추며 걸으면 마주 보이는 것들이 삶의 치열함을 느끼게 한다. 영도 봉래동 창고길과 깡깡이예술마을 수리조선소길, 자갈치와 남부민 방파제길을 오가는 바닷길에서는 다채로운 창고와 선박들, 사람들의 모습을 가까이서 볼 수 있다. 항구도시 부산의 내장을 확인할 수 있는 낮은 전망대다.

📍 낭만적이다 | 짠하다 | 수평적이다 | 평등하다

내려다보는 조망이 아니라 평지를 걸으며,
낮게 마주 보는 관점은
바다 앞에 놓인 삶의 치열함을 느끼게 한다.

바다로 뻗은 낮은 전망대

도시마다 유명한 전망대들이 있다. 가장 높은 곳에서 도시를 보면 짜릿함과 벅참에 감동한다. 때때로 작은 흥분도 느껴지는 것은 발아래로 세상을 내려다보기 때문이다. 부산에도 용두산 타워, 황령산전망대 등 여러 곳이 있다. 부산에는 옆으로 길게 누워 있는 전망대도 있다. 바다로 뻗어 있는 전망대, 해안 길과 방파제들이다. 영도 봉래동 창고길과 깡깡이예술마을 수리조선소길, 자갈치와 남부민 방파제길을 오가는 남항의 바닷길은 항구도시 부산의 내장을 확인할 수 있는 낮은 전망대이다.

남부민 방파제길에서 수리조선소길까지

시작은 남부민 방파제길이 좋겠다. 온갖 것을 품어온 거대한 냉동창고들을 지나 공동어시장과 충무동 새벽시장을 지나다 보면 출항의 시간을 기다리는 원양어선들이 보인다. 밥상 위에 오르길 기다리는 해산물과 목청을 높이는 바다의 상인들이 가득한 자갈치시장을 지나 영도다리를 건너면 깡깡이예술마을로 접어든다. 풍파를 견디고 돌아온 선박들과 검게 탄 선원들을 고쳐주고 쉬게 해주는 수리조선소길에서는 닻과 쇠사슬, 선박의 엔진 등 다양한 선박용품들을 볼 수 있다.

봉래동 창고길에서 북항까지

봉래동 창고길로 넘어가 보면 무질서하게
느껴지지만 제 나름의 규칙을 가지고 정박
한 예인선과 바지선을 볼 수 있다. 멀리 북
항이 펼쳐지며 먼바다와 부두를 오가는 크
고 작은 다양한 종류의 선박들도 보인다.
마음이 가라앉아 있을 때면 바닷길 전망대
를 천천히 걸어보자. 부산과 좀 더 친해질
것이다.

+ Plus Good Tip

부산항은 크게 북항과 남항으로 나뉜다. 북항은 본
래 컨테이너를 가득 실은 대형 무역선이 오가는 부
두였으나 현재는 신항으로 대부분 이전하고, 재개
발이 한창 진행 중이다. 남항은 소형선박과 어선들
이 정박하는 어항으로 자갈치시장, 충무동 등 항구
의 아기자기한 삶의 모습을 잘 볼 수 있는 곳이다.

#낮은전망대 #남항 #부산항 #부산바다 #항구
#자갈치 #충무동 #깡깡이예술마을

003

붉은 동백과 푸른 바다가 만나는
동백섬

바다와 해송, 광안대교와 마천루 빌딩이 잡히는
파노라마 사진찍기

글 이승헌

동백섬은 부산의 자연과 도시의 모습을 가장 압축적으로 볼 수 있는 곳이다. 동백섬을 한 바퀴 산책하는 동안 사람들의 모습도 보고, 자연도 가까이에서 만나고, 도시도 한걸음 떨어져서 볼 수 있다. 잔잔한 음악을 들으며 유유자적한 시간을 가져보자.

📍 애잔하다 | 수려하다 | 투영되다

꽃 피는 동백섬에 봄이 왔건만

푸른 바다를 배경으로 동백꽃은 절절히 봄을 기다렸노라고 붉은 피를 토한다. 얼마 지나지 않아 송이째 떨어져 무더기로 쌓인 모습에는 애잔함마저 느껴진다. 다행히 세찬 바람에도 제 몸을 가누며 사시사철을 지키는 해송 군락이 곁에 함께 있기에 세월의 허망함을 이겨낸다.

눈맛이 최고인 산책코스

동백섬 산책로에는 유모차와 함께, 반려견과 함께, 애인끼리, 혼자서 걷고 뛰고 하는 다양한 사람을 볼 수 있다. 한 바퀴가 1km가 채 되지 않으니 가볍게 산책하기에는 안성맞춤이다. 거기에다가 동백꽃과 해송은 물론, 손에 잡힐 듯 바다가 눈앞에 펼쳐져 있고 또 마린시티, 광안대교, 멀리 이기대와 오륙도까지 부산의 상징들을 줄줄이 볼 수 있으니 눈맛이 최고다.

누리마루APEC하우스

동백섬의 끝자락에 세워진 누리마루APEC하우스는 별천지다. 두 번의 정상회담 회의 장소로 사용되었을 뿐더러, 워낙에 경관이 수려한 곳이라 국내외 관광객들의 방문이 끊이질 않는 곳이다. 전통적인 정자와 같은 구조로 땅에서 제법 띄워져 있기에 내부 공간에서 바라다보는 파노라마 바다 조망은 압권이다. 각국 정상들이 앉았던 자리를 확인해보는 것도 흥미로운 추억거리가 된다.

정상회의장으로 선호되는 이유는
지리적인 장점이 한몫합니다.
들어가는 길이 하나뿐인 데다,
삼면은 바다에 둘러싸여
외부인 접근이 쉽지 않습니다.
무엇보다 정상들이 도심에서 벗어나
조금은 편안한 분위기에서
이야기를 나눌 수 있다는 점은
누리마루의 가장 큰 강점으로 꼽힙니다.
- YTN기사

+Plus Good Tip

동백섬의 초입에 위치한 '더베이101'도 빼놓
을 수 없는 관광지다. 홍콩 못지않은 마천루
빌딩이 장관을 자랑하는 곳이며, 특히 바다에
투영되어 보이는 야경은 아마추어가 찍더라
도 작품 사진이 된다. 더베이101의 가장 큰
매력은 건물 앞에 펼쳐진 광장이다. 물 가까
이에 있는 넓은 열린 공간을 소위 '워터프론
트'라 부른다. 부산에서 즐길 수 있는 가장 멋
진 워터프론트에서 유럽의 어느 광장에서도
느낄 수 없는 낭만과 추억을 남겨보자.

#바다 #동백꽃 #누리마루APEC하우스
#더베이101

004

고대 사상을 엿볼 수 있는
영도 봉래산

둘레길을 따라 걸으며
곳곳에 숨은 전설 찾아보기

글 김수우

10개의 등산코스가 있는 봉래산은 항구도시의 진면목을 그대로 보여준다. 펼쳐진 바다를 타고 이어지는 둘레길은 부산의 풍요로운 갈맷길로, 부산의 감춰진 신비와 옛 신앙이 마치 약초처럼 자라고 있다.

📍 신비하다 | 아름답다 | 광막하다 | 신앙적 상상력

마고신앙과 신선사상이 담긴 봉래산

조봉, 자봉, 손봉으로 형성된 봉래산은 아직도 고대 신앙들이 살아 있는 곳이다. 정상에 있는 할매바위는 영도 사람을 특별히 챙긴다는 마고신앙이고, 봉래동, 신선동, 영선동, 청학동 등 동네 이름에서도 신선사상이 엿보인다. 또 바다가 있어서인지 용왕신앙도 깃들어 있으며, 산자락마다 무속과 함께 기도처들이 많이 보인다. 원래 봉래산이라는 이름엔 신선이 살고 불로초가 있었다는 상상 속의 영산(靈山) 또는 산세가 마치 봉황이 날아드는 듯하다는 의미가 있다.

산자락 갈피갈피 숨은 전설들

'산제당과 아씨당' '장사바위' 등 영도의 전설이나 암석유래담도 있다. 서복이 진시황의 명으로 불로초를 찾아왔다는 전설 때문에 '불로초공원', '불로문', '서복전망대' 등 봉래산은 스토리텔링으로 가득하다. 해마다 '봉래산 발복기원제'가 열리기도 한다. 고대 신앙 때문인지 봉래산엔 기도하는 토굴들이 많은데, 인간의 내면에 담긴 원형적인 경외와 경이를 엿볼 수 있는 부분이다. 경외와 경이는 극단적인 물질시대에 우리가 잃어버린 근원들이다.

눈앞에 환히 열리는 태평양을 마주하라

봉래산 정상에 오르면 부산항대교, 감만부두, 남항대교, 황령산, 금련산, 장산, 해운대 마린시티 등이 한눈에 들어오고 반대쪽으로도 남항대교와 묘박지, 암남공원, 가덕도, 대마도까지 환히 열린다. 봉래산 둘레길인 봉래산 조엄·조내기 고구마 역사공원과 편백숲길 지친 몸과 마음을 치유할 수 있는 공간이다. 정상에는 우리나라 토지측량의 기준이 되는 삼각점이 있다.

봉래산엔 아름다운 전망대들이 많다. 불로초공원 스카이워크 전망대, 할매 전망대, 하늘마루 전망대, 청학배수지 전망대, 봉래산 산정 등에서 부산을 재발견할 수 있다. 봉래산에선 사방으로 다양한 장소가 사람들을 기다린다. 태종대, 중리해녀촌, 흰여울길, 깡깡이마을, 해양대학교, 그리고 산자락 곳곳에 숨은 카페들이 부산이라는 항구도시의 진면목과 매력을 제대로 발휘하고 있다.

#영도 #신선사상 #할매바위 #둘레길

봉래산에 내려오는 영도 할매의 전설은
누군가 우리를 지켜주고 있다는
절대적 위안이 필요했던 시절에 피어났을지 모른다.
섬 안에서 타지에 휩쓸리지 않고 살아가던 순박한 사람들에게는
서로 단결해야 한다는 무언의 약속이었던 셈이다.

005

우리나라 최초의 해수욕장
송도

묘박지와 해안벼랑을 따라
지질탐방로(볼레길) 걷기

글 김수우

1913년에 개장한 한국 최초의 해수욕장인 송도는 울창한 원시림과 자연 그대로 보존된 기암괴석, 묘박지를 배경으로 한 조용한 바다 절경이 특별하다. 장군반도의 해식애(海蝕崖)가 아름답고 아치형으로 펼쳐진 백사장이 다정하게 다가온다.

📍 조용하다 | 포근하다 | 정스럽다 | 호수 같다

부산의 숨은 보석 암남공원

암남공원은 해안 생태공원으로 송도 해안과 부산 남항을 한눈에 담을 수 있는 전망대이다. 먼바다의 푸른 물결을 안고 도는 3.8km의 치유의 숲길 산책로가 아름답다. 무엇보다 공원 아래 싱싱한 해산물을 파는 횟집들과 조개구이집들이 즐비하고, 낚시터로 유명하다.

현인가요제와
다양한 축제들 속으로 들어가보자

한국 대중가요 1세대이자 영도 출신인 현인을 추모함과 동시에 신인가수 발굴을 목적으로 2005년부터 출발한 현인가요제는 대형 가요제이다. 그 외에도 송도해맞이 행사, 송도달집축제, 송도바다축제. 고등어축제 등 계절에 맞추어 다양한 축제가 마련되어 있다. 오토캠핑장도 아름답게 설치되어 일출과 월출을 비롯, 다양한 의미를 새기며 누릴 수 있다.

해안선이 둥글고 소담스런 바다

송도는 천마산 천마바위 기슭 아래 해벽을 따라 길게 뻗어내린 송림공원을 끼고 장군산으로 이어지는 장군반도의 끝자락이다. 옛날에 소나무가 우거져 있다고 해서 '송도'라는 이름이 붙었다. 해안선이 호수처럼 둥근 송도는 다른 데에 비해 조용한 편이지만 최근에 정비되면서 여행자들이 많이 찾고 있다. 해상케이블카, 구름산책로, 현인광장, 고래등대, 인공폭포와 음악분수대, 보트장 등이 매력을 만들고 있다. 암남포구 옆 오션파크에서 남항대교를 바라보는 야경이 매우 아름답다.

바다 위를 나르는 해상케이블카

부산에어크루즈는 최초의 해수욕장이라는 송도의 옛 명성을 되살리기 위해 29년 만에 복원되었다. 동쪽 송림공원에서 서쪽 암남공원까지의 바다 위를 가로지르며 날아보는 해상케이블카에서 송도 일대의 빼어난 풍광을 즐길 수 있다. 케이블카 전망대에선 케이블카 뮤지엄, 공룡의 세계, 아시아 최초의 공중그네 '스카이스윙', 메시지함 등 다양한 테마시설이 펼쳐져 있다.

+Plus Good Tip

암남포구에서 해녀가 막 따온 해물을 맛보고, 해안 산책로(볼레길)를 따라 암남공원에 이르러 천혜의 절경을 누린다. 바다낚시로 유명한 두도공원이 가깝다. 특히 암남공원 입구 시민들이 즐겨찾는 낚시터에서 영도를 바라보며 고등어를 낚는 재미가 쏠쏠하다. 반대 방향으로 걸어 남부민동 송도 아랫길에 있는 공동어시장 등을 방문, 비린 활기를 맡아보는 것도 흥미로울 것이다.

#100년 #볼레길 #해상케이블카 #구름산책로
#암남포구

006

부산 해안 절경의 끝판왕
이기대(二妓臺)

천혜의 해안 절경을 감상하며
바다와 어깨를 맞대고 갈맷길을 걸어보자

글 이정임

이기대는 용호동 장산봉 동쪽 바닷가 끝 2km에 달하는 넓고 비스듬한 암반대로, 바위 절벽이 바다로 빠져드는 모양을 하고 있다. 시원하게 뚫린 바다와 어깨를 맞대고 해안산책로를 걷다 보면 멋진 절경이 다투어가며 눈앞에 나타난다.

📍 환상적이다 | 시원하다 | 멋지다

바위 절벽을 걷다 보면
바다 위를 걷는 듯하다

임진왜란 때 수영성을 함락시킨 왜장의 축하잔치에서 술 취한 왜장과 함께 물에 떨어져 죽음을 선택한 두 기생의 전설이 서린 장소, 이기대. 이기대 해안 일대는 1993년까지 군사지역으로 출입이 통제된 곳이었다. 일반에 공개되고 1997년 공원 지역으로 지정된 덕분에 자연이 비교적 잘 보존되었다. 2005년부터 본격적으로 해안 산책로를 조성하기 시작했다. 이 해안산책로는 부산 갈맷길 2코스에 포함되고, 강원도 고성까지 이어지는 해파랑길 1코스이기도 하다. 한쪽 어깨를 바다와 맞대고 바위 절벽을 걸으면 바다 위를 걷는 착각도 든다. '섶자리'를 돌아 '동생말'에 올라서면 광안대교와 해운대 마린시티의 도회적 절경이 한눈에 들어온다. 가을에 열리는 광안대교 불꽃축제의 명당 조망지이다.

이기대 해안산책로를
걷는 법

동생말을 돌아 본격적으로 트래킹 코스로 들어선다. 해안 절벽을 끼고 데크 계단을 따라 가다가 출렁다리를 지나면 이기대 어울마당에 도착한다. 여기까지는 가벼운 산책코스 정도로 즐길 수 있다. 하지만 여기서부터 오륙도 해맞이공원까지 가는 길은 조금 힘들다. 데크 계단 위를 오르락내리락하고 해안 절벽 위의 좁은 길을 지나야 한다. 물론 경치는 예술이다. 해안 절벽에 발달한 해식동굴, 너른 바위 위의 돌개구멍, 절벽 사이의 깜찍한 몽돌 해변 사이로 동백꽃, 구절초, 쑥부쟁이, 억새가 멋을 더한다. '치마바위'를 지나 군부대를 끼고 '깔딱고개'를 헉헉거리며 걷다 보면 '농바위'가 눈에 들어온다. 농바위 너머로 멀리 오륙도가 보이고 그 너머로 현해탄이 광활하게 펼쳐진다. 광활한 바다를 향해 나아가면 어느새 오륙도 해맞이공원에 도착한다.

+Plus Good **Tip**

가볍게 산책하는 기분으로 풍경을 즐기려면 동생
말에서 이기대 어울마당까지 갔다가 해안도로 쪽
으로 올라가서 이기대성당 쪽으로 내려오는 코스
를 권한다. 동생말-오륙도 해맞이공원 일주를 하
고 싶다면, 체력이 좋은 사람은 동생말에서 출발하
는 게 좋다. 오륙도 쪽에서 출발하면 자연에서 도
시로 나오며 보는 풍경을, 동생말 쪽에서 출발하면
도시에서 자연으로 빠져드는 경험을 할 수 있다.
동생말 입구인 섶자리에서 마을버스가 오륙도 입
구까지 운행한다. 가는 김에 오륙도 일대의 절경도
둘러보자. 자신의 체력에 맞게 코스를 짜는 것이
중요하다.

#이기대 #오륙도_해맞이공원 #농바위 #치마바위
#동생말 #깔딱고개 #이기대_어울마당 #출렁다리

007

낙동강 모래톱에서 영원을 읽는
아미산전망대

강과 바다가 어울려 만든 모래섬을 보며
지질학적 상상력으로 나를 만나다

글 김수우

7백 리를 흘러 도착한 낙동강이 하구에 이르러 몸을 풀며 남해로 들어선다. 동편 언덕에 자리한 아미산전망대는 낙동강 삼각주, 철새 도래지, 다대포 낙조 등 천혜의 자연경관과 함께 머나먼 상상력을 선물한다.

📍 깊어진다 | 원형적이다 | 지질학적 상상력 | 아득하다

계절마다 새로운
낙동강 하구의 모래톱들

부산의 대표적 전망대 중 하나인 아미산전망대는 모래섬, 철새, 낙조 등 천혜의 낙동강 하구 전경을 조망할 수 있는 최적의 뷰 포인트이다. 가까이는 가덕도, 멀리는 거제도까지 바라볼 수 있다. 을숙도를 비롯 장림·하단 공단, 낙동강 건너 명지와 장유까지 한눈에 들어오며 마음을 시원하게 만든다. 어느 쪽에서든 다양한 각도로 낙동강 하구 일대 관람이 가능하다. 카페테리아 등을 갖추고 있어 차 한 잔과 함께 은쟁반처럼 눈부신 바다에 마음놓고 빠져들 수 있다. 노을 속으로 대열을 지어 나르는 철새떼는 아름다운 감동으로 다가온다. 2011년 〈부산다운 건축상〉 대상을 받기도 했다.

2층 전시관에서
지질학적 상상력을 발휘해보자

전시관은 넓지는 않지만 다양한 자료들이 잘 전시되어 있다. 바다로부터 짠물이 침입하는 것을 막기 위해 강과 바다 사이에 쌓은 댐인 하구언의 지형과 지질, 자연에 관한 호기심을 일으킨다. 이곳을 통해 낙동강 하구의 역사, 그리고 삼각주의 형성 과정과 형태를 충분히 이해할 수 있다.
도요등, 백합등, 맹금머리등, 신자도, 장자도, 대마등, 진우도 등 모래톱들의 이름 유래와 생성 과정도 흥미롭다. 하구언의 광활한 갯벌은 생명의 서식처이자 높은 생물 다양성을 가진 지질명소이다.

내가 걸어온 길을 기억하게 하고
또 앞으로 걸어야 할
먼 길도 떠올리게 하면서
광막한 존재의 깊이를 읽게 한다.

탁트인 바다와 하늘이 맞아주는
3층 전망대

아미산전망대에서 만나는 다대포와 을숙
도와 남해바다, 어린 섬들은 저절로 나라
는 존재를 시원으로 끌고간다. 내가 걸어
온 길을 기억하게 하고 또 앞으로 걸어야
할 먼 길도 떠올리게 하면서 광막한 존재
의 깊이를 읽게 한다. 이마에 닿는 바람결
에 힐링의 시간이 가득하다. 특히 해질 무
렵 옥상에서 맨눈으로 바람을 느끼며 바
라보는 노을은 그 어디서도 만나기 어려운
선경이다. 사계절 어느 때 가더라도 열린
경관에 가슴 설렌다.

+Plus Good Tip

옥상에서 최고의 일몰 사진을 찍어보는 건 어떨까.
생태탐방로인 노을마루길을 따라 내려가면 다대포
해안길에 있는 노을정에 도착하는데 거기서는 갯
벌체험도 가능하다. 차로 5분 거리에 홍티 아트빌
리지도 있고, 다대포해수욕장과 몰운대가 있다. 저
녁이면 낙조분수도 볼 수 있고, 바다를 가로지르는
철새 떼도 만날 수 있다. 또 아미산에는 봉수대도
있다. 강 건너편엔 낙동강 하구 에코센터도 있다.

#낙동강 #아미산 #모래톱 #낙동강하구에코센터
#다대포 #일몰

008

도심에서 즐기는 생태문화체험
화명수목원과 기장 아홉산 숲

자연 속에 호젓이 있고 싶을 때,
화명수목원과 기장 아홉산 숲으로 떠나자

글 이정임

화명수목원은 부산지역 최초의 공립수목원이다. 부산의 어머니 산, 금정산 속에 포근하게 자리 잡은 수목원에서 여러 동식물에 대해 공부하고 숲에서 나는 향기, 소리 등을 체험할 수 있다. 기장 아홉산 숲은 남평 문씨 일족이 400년 동안 가꾸어온 숲이다. 멋진 대나무, 편백나무, 금강송 군락을 만날 수 있다.

📍 시원하다 | 여유롭다 | 상쾌하다

부산 최초 공립수목원 화명수목원

화명수목원은 부산지역 최초의 공립수목원이다. 금정산 고당봉에서 흘러내린 대천천이 수목원 사이를 흐른다. 수목원에 들어서면 오른쪽에 '숲 전시실'이 있다. 금정산의 식생과 동물들을 표본과 함께 체험할 수 있도록 잘 전시해두었다. 아열대 및 온대식물 등이 식재된 거대한 유리 온실을 지나면, 침엽수원, 활엽수원, 화목원, 수서생태원, 미로원, 야생초 화원 등 9개 주제원이 조성되어 있다. 코스를 정해 천천히 자연을 만끽하며 혼자 둘러보아도 좋고, 예약 시간에 맞춰 숲 해설가와 함께하는 생태 프로그램에 참가해도 좋다. 금정산 주위의 도로망이 잘 발달되어 있다. 덕분에 부산 전역에서 40분이면 도심을 벗어나 자연 속에서 쉬어 갈 수 있다. 부산 사람에게 금정산은 어머니의 산이요, 휴식의 산이다. 그 포근한 산자락에 자리 잡은 화명수목원은 부산의 복이다.

400년의 고집이 일군
자연, 기장 아홉산 숲

영화 〈군도〉, 〈대호〉, 〈협녀〉 등을 보면 울창한 숲이 나올 때마다 압도된다. CG가 아닐까 의심하지만 실제 있는 장소다. 그 공간들은 기장 아홉산 숲을 배경으로 한다.

이곳은 다른 생태 숲과 조금 다르다. 산이란 대개 나라나 지역구가 관리하는데 기장 아홉산 숲은 1600년대에 이곳의 웅천 미동마을(곰내 고사리밭)에 정착한 남평 문 씨의 일족이 400년 동안이나 가꾸고 지켜왔다. 임진왜란, 일제강점기, 해방과 전쟁을 거치고 또 21세기에 들어서서도 숲을 쉽게 개방하지 않은 그들의 고집은 숲을 '자연 생태를 그대로 살린 숲답게' 만들었다. 2시간 정도 느리게 숲을 걷자. 길은 경사가 급하지 않고 산책로처럼 되어 있어 아이들과 걷기에도 좋다. 대나무숲, 금강송 군락지는 영화 배경으로 쓰일 정도로 장관이니 꼭 들러보기를 권한다.

+Plus Good Tip

화명수목원은 위치상 금정산 산성마을과 가깝다. 관람을 마친 후에 산성마을을 둘러보고 맛있는 먹거리를 즐겨도 좋다. 아홉산 숲은 현재 개방은 했지만 자연 훼손을 막기 위해 하루 수십 명, 어른 아이 할 것 없이 입장료 5,000원을 받는다. 지켜야 할 것과 금지된 사항이 있다. 홈페이지를 통해 미리 확인하고 가도록 하자. 매점이 없고 취사가 불가능하니 간단한 먹거리는 챙겨가도록 하자.

- 화명수목원: www.busan.go.kr/forest
  051-362-0261 | 월요일 휴무
- 아홉산 숲: www.ahopsan.com
  051-721-9183 | 월요일 휴무

#화명수목원 #숲_전시관 #아홉산숲 #생태숲
#대나무숲 #금강송군락지 #부산숲

009

달맞이언덕 숲 산책로
문탠로드

즐비한 곰솔 숲 사이로 아스라이 달빛을 따라
파도소리 들으며 산책하기

글 이승현

문탠로드는 달빛에 선탠하듯 거니는 산책로를 말한다. 물론 바다와 초목의 푸름 천지인 낮에 걸어도 힐링이 된다. 나무 사이사이로 흰 거품으로 산화되는 파도가 보이고, 산과 고층 빌딩이 뒤엉킨 도시의 단면도 보인다. 바쁜 일상을 돌아보게 하는 느린 길이다.

📍 교호하다 | 촉촉하다 | 느리다

달이 전하는 말에 귀를 기울여보자

달맞이언덕의 숲길 사이로 잘 조성된 흙길 산책로를 일컬어 '문탠로드'라 부른다. 해가 작렬하는 낮 시간에는 해운대 백사장에서 선탠(suntan)을 하였으니, 밤에는 달맞이언덕 길에서 문탠(moontan)을 하자는 거다. 숲길 나무 사이사이로 보이는 바다와 교교한 달빛의 교합은 로맨티시즘의 운치를 드리운다. 저물녘 바다에 낮게 깔린 길 안내 등까지 켜지고 나면 숲의 청아함이 나를 감싸 안는다.

보행감이 너무 좋은 산책로

미포오거리에서 5분 가량을 인도로 걸어 올라가면 산책로 입구가 나온다. 1~1.5m 폭의 길은 흙으로 잘 다져 있어서 보행감이 매우 좋다. 오르내림이 많지 않은 거의 평탄한 길이라 딱히 등산화를 신지 않더라도 걷기에 큰 부담이 없다. 중간중간 쉬었다 갈 수 있도록 벤치나 전망대, 체육공원 등이 있고, 넓게 만들어져 있는 어울마당도 있다. 초가을이 되면 이곳에서 해마다 달맞이언덕 인문학축제, 달맞이언덕 별다른 음악회 등도 벌어진다.

나무 사이를 헤집고 스쳐 지나는 바람 소리
풀숲을 밀치고 날아오르는 새의 날개 지치는 소리
검푸른 수평선 구름을 뚫고 얼굴 내미는 일출 태양
억겁 세월을 상처 난 채 그 자리를 지키는 큰 바위들
봐주는 이 없어도 서로 의지하여 서 있는 해송
끝도 없이 흔들리며 끝끝내 흰 거품을 토해내는 파도
그렇건 말건 은빛 찬란한 결을 뽐내는 먼바다
그리고 점점이 지나는 배들

- 이승헌(국제신문 기고문 중 일부 발췌)

바다와 나란히 걷는 폐선로

여기서 갈림길을 따라 조금만 내려가면 폐선이 된 동해남부선 철로와 바로 연결된다. 걸어가던 방향으로 계속 직진해서 가면 예쁜 포구마을인 청사포가 나오고, 반대 방향으로 돌아서 걸으면 해운대해수욕장의 끝자락인 미포로 향한다. 문탠로드의 흙길 등산로 절반을 가다가, 갈림길의 반환점에서 미포 방향으로 걸어 돌아오는 것이 가장 매력적인 코스다. 너른 대양의 시원한 눈맛을 즐기며 걷다가, 서서히 바다와 어우러진 도시의 리드미컬한 조합을 보는 것은 감탄을 자아내기 충분하다.

+Plus Good Tip

문탠로드의 낭만을 한층 더 만끽하고자 한다면, 달맞이언덕의 가운데 길을 따라 포진하고 있는 수많은 갤러리들을 들러보자. 해운대구청에서 운영하는 '갤러리투어' 프로그램을 신청하는 것도 좋은 방법이다. 또한 추리문학가로 잘 알려진 김성종 소설가의 '추리문학관'에 들러 추리소설의 묘미에 잠시 빠져보는 것도 추천한다. 문탠로드는 인문학과 예술 공연과도 잘 어우러지는 컬처로드다. 여기에 파도 소리와 흙길의 촉감과 달빛의 몽환적 시점이 서로 뒤엉켜 공감각적인 예술혼을 불러일으킨다.

#갤러리투어 #컬처로드 #동해남부선 #청사포 #미포

010

자연과 인공의 하모니 속에서 꿈을 꾸는
다대포해수욕장

바다와 석양, 음악과 분수가 만나서 만들어내는
장엄한 풍광 감상하기

글 이정임

낙동강의 최남단이자 부산 서편의 끝, 다대포. 강이 실어 나른 고운 모래가 바다를 만나 넓은 해변을 만든다. 구름이 삼키는 몰운대의 신비로움과 해송 너머 보이는 비경이 일품이다. 넓고 고운 해변 위를 맨발로 걷다 보면 벌겋게 불타며 바다 위로 떨어지는 태양을 만난다. '꿈의 낙조 분수공원'에서 분수와 음악이 만들어내는 아름다운 하모니도 만날 수 있다.

📍 몽환적이다 | 아름답다 | 로맨틱하다

몰운대 석양을 산책하는 방법

늦은 오후, 도시철도 1호선 다대포해수욕장 역을 나와 지상으로 올라오면 비릿한 바다 냄새가 몸을 감싼다. 오른쪽으로 꿈의 낙조 분수를 끼고 몰운대 방향으로 직진. 객사(客舍-부산광역시 지정 유형문화재 3호) 쪽으로 방향을 정하고 해송에 둘러싸인 완만한 오르막길을 오른다. 10분쯤 걷다 보면 옆으로 호탕하게 누운 몰운대 시비가 나타난다. 객사 앞에서 잠시 숨을 돌리고 전망대 쪽으로 걷는다. 관리사무소를 지나고 20분쯤 걸으면 전망대에 도착한다. 전망대 정면에 쥐섬, 왼쪽으로 모자섬, 그 너머로 탁 트인 태평양과 만난다.

그 사이, 해는 서쪽으로 넘어가며 붉은 단내를 뱉어내기 시작한다. 몰운대 입구쯤에 다다르면 해송 사이로 보이는 낙조의 풍광에 압도된다. 그 시간까지 당신은 천천히 걷도록 한다. 붉은 낙조를 맞으며 맨발로 해변을 걸으면 긴 산책의 피로가 고운 모래에 풀어진다. 태양과 일별하고 나오는 길에 식사를 한다. 하늘이 깜깜해지면 꿈의 낙조분수 앞에 자리를 잡는다. 곧 음악과 분수의 하모니가 꿈처럼 펼쳐진다. 자연의 붉은 빛이 인공의 여러 빛깔로 바뀌는 동안 우리의 꿈도 다채로워진다.

낮의 뜨거운 붉은 색과
밤의 차가운 푸른 색이 겹쳐 멀리 보이는 것이
개인지 늑대인지 구분이 안 되는
'개와 늑대의 시간(Entre chien et loup)'이 이곳을 신비롭게 한다.

몰운대의 신비와
해송 너머 비경이 일품인 곳

다대포해수욕장은 민물과 바닷물이 만나
는 낙동강 하구에 자리 잡고 있다. 길이
900m 폭 100m가량으로 낙동강에서 유입
된 부드러운 강모래사장이 펼쳐져 있다.
해수욕장 왼편으로는 과거에 섬이었지만
모래의 퇴적으로 육지가 된 몰운대가 있
다. 그곳의 잘 정비된 산책로를 걷다 보면
해송들 사이로 드넓게 펼쳐진 백사장과 그
너머 드문드문 펼쳐진 모래톱들이 장관을
이룬다.

+Plus Good Tip

다대포해수욕장을 방문하려면 당일의 낙조 시간과
날씨를 확인하는 것이 좋다. 낙조 시간보다 2시간
정도 일찍 도착해서 몰운대 일대의 산책로를 둘러
본 뒤, 산책로 입구 쪽으로 돌아와서 낙조를 기다
리자. 느긋하게 자연의 경이를 감상하고, 지친 발
을 해변 맨발 산책으로 달래자. 해변 개수대에서
발을 씻고 간단한 요기나 차를 한잔하며 '꿈의 낙
조 분수 쇼'를 기다리자. 분수와 음악의 하모니가
만들어내는 인공의 아름다움을 즐기자. 단, 분수
쇼는 매주 월요일은 쉬고 4월부터 10월까지만 운
영된다.

#낙조 #몰운대 #음악분수

011

푸른 뱀과 푸른 모래 사이
청사포

전설 속 누군가를 기다리는 사람처럼
바다 보며 멍 때리기

글 이정임

달맞이고개 넘어 송정 방향으로 가다가 오른쪽 샛길로 내려가면 전설이 이름으로 남은 청사포가 있다. 예전의 고적함은 사라졌지만, 여전히 전설 같은 바다와 망중한을 만날 수 있다.

📍 애잔하다 | 느리다 | 여유롭다

멍 때리기 좋은 날

당산 망부송 앞에 앉아, 붉고 흰 쌍둥이 등대 사이로 헤엄쳐 들어오는 청사(靑巳)를 생각하며 잠시 '멍 때리기'를 해보자. 바다를 보며 그리운 이를 생각해도 좋다. 해운대, 송정 바닷가와 다른 고요함이 머릿속 시끄러움을 덜어줄 것이다.

엉덩이를 털고 일어나 즐비한 카페와 식당들을 잇는 사잇길을 따라 걸으면 고양이 모양 간판들이 간간이 보이고 사료를 챙겨 놓은 곳도 있다. 고양이 마을이 되었다더니 길고양이의 표정들도 말랑하다. 사람과 짐승이 같이 살기로 마음먹었다면 좋은 일이다.

다시 바닷가 쪽으로 방향을 잡고 다릿돌 전망대로 향한다. 관광안내소 건물을 끼고

계단을 올라 좀 더 걸어가면 계단 난간에 여러 바람을 적은 '소망물고기'들이 빽빽하게 매달려있다. 전망대 앞에 도착하니 청사 모양으로 휘어진 스카이워크가 바다 쪽으로 놓여 있다. 그곳에서 탁 트인 바다를 내려다보는 맛이 시원하다.

청사포의 이름에는 전설이 담겨 있다

바다에 나간 남편을 기다리던 여인이 있었다. 남편은 바다에 빠져 이미 죽고 없지만 여인은 바닷가 망부송 앞에서 매일 남편을 기다렸다. 이를 가엾게 여긴 용왕은 '푸른 뱀'을 보내 여인을 용궁으로 데리고 와서 남편을 만나게 한다.

청사포는 작은 어촌마을이었으나 현재 여

러 카페와 식당이 들어서고 스카이워크가 생기면서 새로운 관광지역으로 떠올랐다. 예전의 고적함은 줄어들었지만 새로운 것들이 자리를 잡고 그대로 어울려 나름의 분위기가 생겨났다. 그동안 청사포의 이름은 전설을 담아 푸른 뱀(靑巳)이었으나 지금은 푸른 모래(靑沙)로 바꾸었다. 단순히 뱀의 이미지가 거북하여 모래로 이름을 바꾸다니, 어쩌면 전설이 사라질지도 모른다는 생각에 조금 쓸쓸해진다.

+Plus Good Tip

청사포로 바로 가지 말고 해운대 미포에서 동해남부선 폐선 구간을 한 시간가량 걷는 걸 추천한다. 멍 때리기에 걸맞은 느린 걷기. 철길 위 자갈을 밟고 걷다 보면 남해와 다른 동해의 바다 빛깔을 만날 것이다. 남해의 색이 연륜 많은 중년의 색이라면 동해의 빛깔은 푸릇한 청춘의 색에 가깝다. 해송과 청춘의 색을 즐기며 한참을 걷다 보면 청사포에 도착한다. 철길 너머로 보이는 풍광을 즐기고 청사포에 도착해서 다양한 먹거리(조개구이, 장어, 회 등)를 즐길 수 있다. 소망물고기 달기, 다릿돌우체통에 엽서 보내기 등의 체험은 다릿돌 전망대 앞 관광안내소에서 가능하다.

#당산 망부송 #쌍둥이_등대 #다릿돌전망대
#소망물고기 #조개구이 #고양이_마을

012

새울음 그득한 복병산 배수지
부산 기상대

팽나무 쉼터에서 나라의 위기 때마다
울었다는 팽나무의 울음에 귀 기울여보자

글 김수우

복병산은 원도심 한가운데 있는 낮은 산으로 역사적이며 산책로가 아름답다. 100년 역사를 가진 근대적 상수도 시설 배수지가 있다. 산 위에 있는 근대건물 기상대는 매우 매력적인 건축으로 부산의 기상관측 100년의 역사를 말해준다.

⭐ 훈훈하다 | 아기자기하다 | 소박하다

"부산 대청동 기상관측소는
우리나라 기상 역사의
과거와 현재가 어우려져 있는 곳으로,
세계 기후변화의 중요한 척도로써
그 가치를 더해나갈 것이다."

- 유희동 부산기상청장, 세계기상기구 100년 관측소 지정을 기념하며

부산 지역 최초의 상수도 시설, 복병산 배수지

1910년 복병산 배수지의 준공으로 부산은 본격적인 상수도 시대를 맞이하며, 근대 도시로서의 면모를 갖추게 되었다. 복병산 배수지는 근대 수도사에 중요한 가치가 있으며, 한국 초기 근대 상수도시설의 원형을 볼 수 있는 역사적 의의가 있다. 요지무진(瑤池無盡), '선경(仙境)'의 물처럼 마르지 말라'는 오래된 글귀가 그대로 남아 있다. 부산 문화재 327호로 지정되어 있다.

항구도시를 표현한 배 모양 형태의 기상관측소

복병산 정상엔 아담하면서 이국적인 건물이 있는데 1934년 지어진 부산 기상관측소이다. 상층부로 갈수록 점점 작아지는 계단식 형태로 구성되어 있다. 최상층에는 철물 장식의 원형 창이 있어 마치 조타실을 연상시킨다. 건물이 전반적으로 배의 형태와 닮아 항구도시를 그대로 표상하고 있음을 알 수 있다. 건물의 내·외부가 온전히 보존되어 있는 데다 르네상스적인 기풍이 보이는 건물로서 건축사적으로도 가치가 있어 2001년 부산시 기념물 제51호로 지정되었다.

원도심의
깊은 숲길을 걸어보자

보수산 산자락인 복병산 꼭대기에 서면 용
두산공원과 남항대교가 손바닥 크기의 한
장 엽서처럼 선명하게 다가온다. 낮은 산
이지만 의외로 숲이 깊다. 데크가 깔린 오
솔길은 배수지를 끼고 체력단련장과 배드
민턴장, 쉼터광장을 돌고 돈다. 기상대에
서 왼쪽 길을 따라 걸으면 복병산 산책로
로 이어진다.

+Plus Good Tip

제법 나무들이 우거진 데다 길이 소박하고 아름다
워 마음도 저절로 단순해지는 길이다. 원도심에 있
는 정겨운 산책로를 따라 걸으면 새소리가 내내 따
라와 마음의 정취를 일깨워준다. 바쁜 마음이 차분
해지며 자신을 멈추는 산책이 될 것이다. 왼쪽으로
5분만 내려오면 사십계단과 사십계단 문화관이
있는 동광동, 중앙동 원도심을 만날 수 있다. 오른
쪽으로 5분 내려오면 근대역사관, 국제시장과 부
평시장 등에 도착한다.

#복병산 #배수지 #기상대 #요지무진

013

부산이 한눈에 내려다보이는 도심 속 산
황령산과 금련산

막히고 답답한 도시를 우회해
도시를 안은 산과 산을 안은 도시를 만나자

글 송교성

황령산은 정상 바로 아래까지 차를 이용해 갈 수 있다. 그래서 연산동 물만골에서 황령산을 지나 금련산 지하철역으로 이어지는 순환도로는 가장 고즈넉하게 도심을 우회하는 길이다. 인근의 직장인들도 점심을 먹고 가볍게 드라이브로 오르기도 하는 부산의 대표적인 도심 속 산에 올라보자.

📍 시원하다 | 탁 트였다 | 확 펴준다

도심을 산으로 우회하다

부산의 주요 도심부인 연제구와 수영구를 잇는 도로는 자주 답답하게 막힌다. 그럴 때면 연산동 물만골에서 황령산을 지나 금련산 지하철역으로 이어지는 산속 순환도로를 이용해보자.

평일 낮, 길이 막힐 때 40~50분 걸리는 길이 30~40분 정도로 10여 분 단축될 수 있다. 물론 대개는 산 정상의 전망에 시선과 마음을 뺏겨 더 오래 걸리는 것이 보통이지만.

부산이 한눈에 들어오다

도심 한가운데 위치하여 많은 시민에게 사랑받는 황령산과 금련산은, 산 정상 바로 아래까지 차를 이용해 올라갈 수 있다. 도심을 우회할 수 있는 도로인 셈이다. 특히 봄에는 벚꽃으로, 가을에는 단풍으로 도로가 뒤덮여 가장 아름다운 지름길이 된다. 부산이 한눈에 내려다보일 만큼 높은 산이지만, 차를 이용해 오를 수 있어, 인근에서 일하는 분들은 점심을 먹고 산 정상에 오르기도 한다. 특히 금련산에서 전망대로 오르는 길은 맛있는 음식점과 분위기 좋은 카페들도 있어, 평일 낮에도 가벼운 차림의 사람들이 많이 오고 간다.

부산의 전경이
그야말로 파노라마처럼 펼쳐지는 곳

- 문성수 소설가(부산일보 2018.11.28)

자연 속에서 도시의 야경을 바라보다

밤에도 차로 오를 수 있어서 도시의 야경
을 보기에 가장 최적화된 장소인데, 인공
적인 건물의 옥상이 아닌 산속에서 바라보
는 야경이 더욱 매력적이다. 황령산 봉수
대에 올라 멀리 영도와 부산항대교, 광안
대교와 해운대 센텀시티, 부산시민공원에
이르는 거의 부산 시내 전체의 야경을 보
면, 왜 이곳에 옛사람들이 봉수대를 설치
했는지 바로 이해할 수 있다.

+Plus Good Tip

황령산과 금련산은 완만하게 연결되어 잘 구분이
되지 않는다. 보통 황령산으로 통칭해서 부르는 편
인데, 둘 다 연제구에 걸치면서 금련산은 수영구
에, 황령산은 부산진구에 좀 더 가까운 산이다. 전
망대에는 카페가 있다. 산과 바다를 내려다보며 마
시는 커피 한잔이 마음의 여유를 준다. 전망대에서
조금 더 오르면 봉수대가 나온다. 거의 모든 부산
시내를 둘러볼 수 있는 곳으로 탁 트인 전망이 일
상의 스트레스로 쪼그라든 마음을 확 펴준다.

#부산야경 #부산드라이브코스 #황령산봉수대

014

태평양을 향해 열린 푸른 벼랑
태종대

자갈마당에서 태평양을 숨 쉬고
순직 선원위령탑을 참배하기

글 김수우

태종대는 파도에 침식되어 만들어진 파식대지, 해식애, 해안동굴 등 암벽해안으로 유명하다. 기암괴석과 울창한 숲, 굽이치는 파도가 어우러진 절경으로 옛부터 시인과 묵객들이 많이 찾았던 곳이다.

⭐ 아름답다 | 원시적이다 | 상쾌하다 | 너그러워진다

"부산은 세계 어디에 내놔도
결코 뒤지지 않는 아름다운
도시라는 것을 자주 느낀다.
태종대를 보고서야 태종대가
부산에서 꼭 가봐야 할 곳으로
꼽히는 이유를 알게 됐다.
절경이 있는 태종대야말로
표현할 수 없을 정도로
너무 아름다웠다."

- 응웬 투 푸엉(베트남인)

대양을 마주한 국가지질공원

영도 해안 최남단에 위치하고 있는 태종대는 해발 250m의 최고봉을 중심으로 해송을 비롯한 120여 종의 수목이 울창하게 우거진 지질공원이다. 절벽과 기암괴석으로 된 해안과 탁 트인 대한해협이 서로 마주보고 있다. 바닷가의 깎아 세운 듯한 벼랑 위에는 흰 등대가 아름답다. 망부석(望夫石), 등대자갈마당, 원시적인 절벽과 신선바위 등 기암괴석으로 이루어진 천혜의 절경이 펼쳐진다. 바로 앞에 주전자섬이 있다.

바다를 꿈꾼 사람들을 기억해보자

태종대 입구에는 순직선원 위령탑이 있다. 전쟁이 끝난 후 경제적으로 궁핍할 때 오대양의 길을 열어 산업화에 앞장선 원양어선 선원들은 이후 경제발전의 밑거름이 되었다. 해양수도로 자리 잡은 부산은 이들의 고단한 삶과 수고를 기억할 필요가 있다. 먼 바다에서 그들은 어떤 꿈을 꾸었을까. 그 꿈은 오늘도 파도가 되어 우리 삶에 밀려온다. 임진왜란의 관문이 되기도 한 태종대 입구에는 한국전쟁 때 참전한 유엔군 의료지원단 참전기념비도 있다.

파도에 어울리는 울창한 숲길들

광장에서 순환도로를 따라 올라가면, 다소 가파른 길이지만 오른쪽으로 펼쳐지는 해안선이 숲과 어우러지기 시작한다. 울창한 송림과 해변을 따라 자생하는 해송을 비롯하여 난대성 상록활엽수인 생달나무·후박

한 송이만으로도 꽃다발 같은 수국이 지천인
6월의 태종사는 석가탄신일 연등과 어우러져
꿈에서 볼 듯 환상적이다.

나무·참식나무·섬엄나·다정큼나무·동백나
무 등 200여 종의 수목이 우거져 있어 식
물분포 연구에 중요한 곳이기도 하다. 남
방불교의 태종사는 수국축제로 유명하다.

+Plus Good **Tip**

어머니의 품을 떠올리는 모자상을 지나 내리막 도
로를 따라가면 태원자갈마당에서 해상유람선을 이
용할 수 있다. 아이들이 있다면 순환열차 '다누비'
를 이용하는 것도 좋다. 아치섬에 자리한 한국해양
대학교, 아시아 최고의 신석기 유적지인 동삼동 패
총전시관, 하리포구 횟집들, 해안산책로 등 모두
즐길 만하다. 태종대에서 왼쪽으로 가면 중리포구
와 감지해변까지 걸어갈 수 있다. 더 걸으면 흰여
울마을에 이른다.

#태종대 #해식애 #선원위령탑 #모자상 #주전자섬

015

물의 근원을 생각하다
성지곡 수원지(어린이대공원)

수원지 둘레길(갈맷길)을 걸으며
도심 속 숲 체험하기

글 이정임

1909년 완공된 부산 최초의 근대적인 상수도 수원지로 제방의 높이가 27m에 이르는 철근콘크리트로 축조되었다. 현재 식수로 사용하지 않고 호수로 이용하면서 어린이대공원에 편입되었다. 어린이대공원 산책로를 통해 숲을 거닐고 성지곡 수원지의 호수를 바라보며 막걸리와 파전을 즐길 수 있다.

📍 상쾌하다 | 시원하다 | 호젓하다

부산 최초의 생활 식수 수원지

성지곡 수원지는 부산의 생활식수를 위해 만들어진 우리나라 두 번째, 부산 최초의 수원지였다. 성지곡은 신라의 지관 성지(聖知)가 발견한 명당이라 해서 붙은 이름이다. 청일전쟁 이후 일본군들까지 부산에 상주하게 되자 식수 해결이 큰 문제가 됐다. 이를 위해 성지곡에 수원지 축조가 시작됐다. 1907년 4월에 착공, 이곳 상류 물이 모이기 시작했고, 1909년 9월 25일에 완공됐다. 국내 최초의 콘크리트 중력식 댐이었다. 축대로 쌓인 댐의 높이는 27m나 된다. 댐 하단부에 음수사원(飲水思源 물을 마시며 그 근원을 생각하다)이란 글씨가 붉게 새겨져 있다. 당시 이 수원지의 1일 생산량은 7천 톤에 이르렀다고 한다. 1972년 낙동강 상수도 취수공사를 마치면서 성지곡 수원지는 기능이 중단되었다. 수원지 일대가 공원화되면서 부산 어린이대공원에 편입되었다. 현재는 식수로 사용하지 않고 호수로 이용된다. 집수와 저수, 여과지로 향한 도수로 등이 거의 원형 그대로 잘 보존되어 있어 2008년 국가 등록문화재 376호로 지정되었다. 이 수원지 때문에 어린이대공원은 아직도 성지곡 수원지라고도 불린다.

숲 사이로 잘 닦인 거리를 걸을 수 있는 곳

어린이대공원 안에는 성지곡 수원지를 비롯하여 숲체험센터, 체육시설, 수변공원과 산림욕장 등이 있다. 특히 산림욕장은 울창한 삼나무, 편백나무로 둘러싸여 있어 심신안정에 탁월하다. 박재혁 의사의 동상과 비가 세워져 있고, 부산이 낳은 소설가 요산 김정한의 문학비도 만날 수 있다. 대공원 둘레길(갈맷길)은 유모차가 다닐 수 있을 정도로 잘 닦여 있다. 가파른 산길을 걷지 않아도 수령이 오래된 나무들 덕분에 충분히 숲을 거니는 기분을 느낄 수 있다. 남녀노소 누구나 가벼운 마음으로 소풍가기 좋은 곳이다.

'사람이 마시는' 물이 중요한 시기를 지나 '보는' 물, '다른 생명을 살리는' 물로도 중요한 때다. 물의 근원에 대해 여러 가지로 생각해야 하는 시대, 바야흐로 그런 시대인 것이다.

+Plus Good Tip

주말에는 어린이대공원 곳곳에서 행사를 한다. 호젓한 걷기를 원한다면 평일 낮 시간을 이용하도록 하자. 더욱 조용히 걷고 싶다면 밤 시간도 좋다. 수원지의 다리(성지교)를 건너다 보면 거대한 잉어가 헤엄치는 것을 볼 수 있다. 근처 매점에서 방문객을 위해 잉어 밥을 팔고 있다.

#어린이대공원 #갈맷길 #근원 #식수 #호수
#편백나무 #삼나무 #파전 #유모차가능

016

자연의 신비가 내려앉은
을숙도철새공원

에코센터 망원경으로
철새와 습지의 살아 움직이는 모습 관찰하기

글 이승헌

철새 도래지 을숙도는 대도시 부산에서 만나는 또 하나의 자연 세상이다. 물억새가 흐드러지게 조성된 생태탐방로를 산책하고, 남단탐조대에서 붉게 타는 석양을 관찰하고, 겨울 철새들이 무리지어 나는 장관을 볼 수 있다. 길을 따라 정처 없이 걷다 보면 도시는 지워지고 자연의 일부가 된다.

📍 신비하다 | 관찰하다 | 느릿하다

바다와 강이 만나는 곳은
온통 신비의 세상이다
강한 파도의 바다는
강물의 잔잔히 밀려 내려옴을
이기지 못하고 뒤섞인다
강이 실어 나른 모래나 자갈은
한톨 두톨 쌓이고 쌓여
수면 밖으로 거대한 새 땅을
만들어 낸다
이 연안사주와 넓은 갯벌에는
온갖 생명이 서식하며
그것을 먹이로 하는 철새들이
겨울이 되면
추운 북지방으로부터
떼를 지어 날아온다

- 이승헌(국제신문 기고문 중 일부 발췌)

동양 최대의 철새 도래지

바다와 강이 만나는 곳은 온통 신비의 세상이다. 연안사주와 넓은 갯벌에는 온갖 생명이 서식하며, 그것을 먹이로 하는 철새들이 겨울이 되면 떼를 지어 날아온다. 브이(V)자를 형성하며 나는 철새 떼의 모습은 정말 장관이다. 한 무리가 오는가 싶더니 연이어 셀 수 없이 많은 철새가 하늘을 가득히 메운다. 많을 때는 100여 종의 수만 마리 조류를 관찰할 수 있으니 가히 동양 최대의 철새 도래지라고 할 만하다. 억만금을 주고도 인공적으로는 도무지 조성할 수 없는 귀하디귀한 자연의 선물이다. 억새와 핑크뮬리가 흐드러지게 핀 산책로를 유유자적 걸어서 들어가면 자연의 원초적 세상으로 빨려드는 기분이다.

+Plus Good Tip

을숙도철새공원의 초입에 있는 낙동강 하구 에코센터는 철새와 습지의 소중함을 알리고, 지키기 위한 다각적 노력을 기울이고 있다. 하구지역의 자연생태에 대한 전시와 체험교육은 물론, 이 지역 환경보전을 위한 관리 업무를 맡고 있다. 2층 탐조전망대에서는 전면 유리창 너머로 습지와 조류들의 생태환경을 망원경으로 감상할 수 있다. 또한 다양한 체험 프로그램이 사시사철 마련되어 있으니, 미리 검색하고 예약하면 누구나 참여할 수 있다. 식물의 겨울나기, 겨울 철새 마중체험, 갯벌의 생물, 한여름밤의 곤충, 봄꽃 이야기 등의 프로그램이다. 흥미로운 체험이 될 것이다.

#철새 #낙동강하구에코센터 #아미산전망대
#야생동물치료센터 #탐방체험장 #생태탐방선

또 하나의 신비, 탐방체험장

을숙도의 신비를 더 깊숙이 느끼려면 남단 끝 지점에 있는 탐방체험장까지 들어가야 한다. 이 곳은 예전에는 도시에서 발생한 분뇨를 해양투기하기 위해 모아두었던 저류시설이었다. 일종의 대규모 똥통인 님비시설이 바로 여기 천혜의 철새 낙원 바로 곁에 떡 하니 존재하고 있었다는 것이다. 오염 떼가 그대로 흔적으로 남아 있는 콘크리트 벽을 존치시키고, 나머지 남은 주변 환경은 멋진 조경으로 꾸며서 하나의 작은 공원으로 변신시켜 놓았다. 여기에 서 있다 보면 기묘한 기분이 든다.

Part.2

그 어디에도 없는
부산의 정체성과 만나다

017

백년의 시간이 박제된
외양포마을

외양포마을과 포진지에 정지되어 있는
백 년의 무심함을 목도하기

글 이승헌

침략의 야욕 앞에 짓밟힌 마을 사람들의 애환이 그대로 남아 있다. 군사시설로 바꿔놓은 마을구조와 남아 있는 과거의 흔적들에서 시대의 아픔이 느껴진다. 마을과 바로 붙어 있는 포진지에서 긴박하게 훈련하던 일본군의 군화 소리가 들리는 듯하다.

📍 박제되다 | 은폐되다 | 허망하다

일제강점기의 아픔을 겪은 마을

대륙 침략의 야욕을 품은 일본은 러일전쟁과 태평양전쟁을 대비하여 한반도 동남단에 위치한 부산 및 진해만 일대에 교두보를 마련하고자 했다. 서쪽으로 진해만 요새사령부와 동쪽으로 부산항을 끼고 있는 가덕도가 대동아 구상의 병참기지로 적격이었다. 일본군은 외양포마을 주민들에게 토지를 강매한 후 쫓아내고는 자신들의 기지를 구축했던 것이다.

지워지지 않은 100년의 흔적

현재 마을에는 20채 가량의 집이 있다. 일본 군대가 사용하던 막사나 무기창고, 장교 사택 등을 약간의 내부수리만 했을 뿐, 지금은 100여 년 된 건물들이 박제된 듯이 그대로 남아 있다. 겹겹이 나무를 겹쳐 벽을 바른 양식이나 사각형 격자무늬로 된 창문, 햇볕이나 비를 막기 위해 설치한 창문 위 눈썹지붕 등에 일본풍이 남아 있다. 벽돌로 지붕 구조물을 덮은 우물터도 특이하다.

"120여 년 모습을
그대로 간직한 마을 일대가
역사체험공간으로
정비될 예정이다.
주변 공터에는 야생화단지와
산책길을 조성하고
외양포 전경을 감상할 수 있는
전망대와 우물터도 복원된다."

-박재한 기자(티브로드)

은폐된 포진지

가장 압권은 마을 뒤 언덕에 은폐시켜 조성한 포진지이다. 수풀로 가려져 있는 요새의 내부로 들어서는 순간, 깜짝 놀라게 된다. 한쪽에는 포를 설치할 수 있는 발사대 터와 반대쪽으로 충분한 탄약의 비축이 가능한 창고시설 2동이 땅에 묻혀 있다. 여기 포진지 안에 서서 10초간 역사의 울림을 한번 들어보라. 다시 포진지 언덕에 올라서서 야욕에 불탔던 일본 제국주의의 허망함을 생각해보라.

+Plus Good Tip

가덕도의 끝자락인 외양포마을까지 찾아갈 거면 여기를 반드시 함께 방문해야 한다. 섬의 최남단 돌출된 지형 끝에 세워진 가덕도 등대. 주변 300도 이상의 시야각이 확보되며 먼 해역까지 발광 불빛을 감지할 수 있어서 등대로는 최적의 장소다. 1909년에 지어져 110년의 세월을 지키고 있는 옛 등대는 오랜 역사와 함께, 등탑과 등대원 관사가 한 건물에 결합된 유일무이한 사례로 희소성도 있다. 높이 40.5m의 새 등대는 우리나라에서 두 번째로 높다. 팔각 등탑 내부를 나선형으로 돌고 돌아 꼭대기 전망대에 오르면 바다 장관이 아찔하다.

#가덕도 #가덕도등대 #일제시대 #군사시설

피란수도의 삶을 들여다보는
임시수도기념관

아픈 상처를 잊지 말자는
묵언의 외침이 울리는 자리

글 김수우

부산이 임시수도였던 시절 대통령의 관저로 사용되었던 장소로, 1984년 임시수도기념관으로 개관하였다. 1926년 지어진 벽돌조 2층 가옥은 근대건축물로서의 역사성이 인정되어 부산시 기념물 제53호로 지정되었다.

📍 조용하다 | 색다르다 | 애잔하다 | 생각이 많다

단순히 당시 임시적인
정치 중심으로
역사 속 모습을 보는 외에,
전쟁 시기의 부산의 역사를 보고
체험할 수 있는 곳이다.

- tripadvisor Myria-Korea님

현대사의 질곡을 담은
숲속의 건축물

이곳은 잘 가꾸어진 야외정원과 어우러진 고즈넉한 운치를 자랑한다. 한국전쟁의 뼈저린 기억을 표상하는 건물로 그 상징적 의미가 크다. 원래 경남 도지사의 관저였지만 전쟁 당시 임시수도가 되면서 대통령 관저로 사용되었다. 당시 대통령의 생활환경이 그대로 담겨 있다. 들어서는 순간 한국전쟁이라는 역사가 생생하게 피부에 닿는다. 오래된 향나무를 비롯 정원의 잘 가꾸어진 나무들은 유난히 짙은 숲 향기를 풍긴다.

통일을 염원하고 수복 환도를 되새겼던
사빈당(思邠堂)

건물 정면에 '사빈당'이라는 현판이 달려 있다. 사빈당은 임시수도의 어려운 상황임에도 불구하고 모든 국민이 대한민국을 따라서 모일 것이며, 곧 빼앗긴 땅도 수복할 것이라는 희망과 의지를 담은 것이다. 사빈당 현판은 일제강점기에 중국에서 독립운동가, 항일 군가의 작곡가, 가극 연출가 등으로 활동하던 한형석 선생의 글씨이다.

피란생활이 고스란히 담긴
임시수도기념관 전시관

붉은 기와를 얹은 뒤채는 전시관으로, 한
국전쟁 당시의 생활 풍경들이 고스란히 재
현되어 있다. 한국전쟁기의 각종 사진 자
료 등을 전시하고 있어 임시수도 1023일의
역사를 엿볼 수 있다. 꼼꼼히 들여다보면
당시 실향민의 정서와 아픈 의지가 그대로
밀려온다. 그 뒷마당에는 피란 시절의 천
막학교가 그대로 재현되어 있다.

+Plus Good Tip

기념관 바깥으로 나서면 임시수도 기념로가 이어지는
데, 피란의 역경을 이겨낸 군상을 기념하는 작품들이
설치되어 있다. 조각들을 감상하면서 피란의 흔적을
산책하다 보면 역사라는 새로운 질문이 다가온다. 몇
분이면 발길 닿는 현재 동아대학교 석당박물관 건물
이 임시수도정부청사였다. 한국전쟁 시기 한국 정치,
행정의 중심지였다. 아미동 천마로나 비석문화마을,
감천문화마을 등 피란시절의 풍경이 아직도 꼬불꼬불
이어지고 있다.

#한국전쟁 #피란수도 #사빈당 #1023 #근대건축물

019

피란민의 계단식 골목
이바구길 168계단

계단 속에 녹아 있는 한국의 근현대사가
이야기가 되어 다가온다

글 이정임

한국전쟁 피란민이 초량 산복도로에 마을을 형성할 당시, 168개의 계단은 초량동의 산 윗동네와 아랫동네를 연결하는 유일한 길이었다. 현재 '이바구 168계단'이라는 이름을 달고 예쁘게 단장됐다. 노인 등 노약자들이 쉽게 오르내릴 수 있도록 이동편의시설(168모노레일)도 설치되어 있다.

📍 애잔하다 | 억척스럽다 | 신산하다

이야기가 담긴 계단 168개

'이바구'는 '이야기'를 뜻하는 경상도 사투리다. '이바구 168계단'에는 어떤 이야기가 들어 있을까. 부산은 평지보다 산이 많다. 광복과 한국전쟁을 거치면서 이주민, 피란민은 살 공간을 찾기 위해 부산의 산으로 올랐다. 산허리마다 들어찬 판잣집은 시간이 흐르면서 콘크리트 건물로 변했지만 다닥다닥 붙은 구조는 거의 그대로다. 삶을 지키기 위해 계단을 오르내리던 마을 사람들. 인구밀도 높은 이곳에서 나오는 근현대사 이야기가 얼마나 많겠는가.

피란민이 마을을 형성했을 당시 168개의 이 계단은 초량동의 산 윗동네와 아랫동네를 연결하는 유일한 길이었다. 경사 45도, 총 길이 40m. 아래에서 올려보기만 해도 숨이 턱 막힐 정도로 까마득한 계단길이지만, 다른 길이 없기에 주민들도, 관광객들도, 묵묵히 오를 수밖에 없는 길이다. 계단을 오르다보면 탁 트인 부산항이 한눈에 보이는 명소로 부산 동구의 역사와 살아온 사람들의 삶과 흔적을 느낄 수 있다.

인생의 무게를 느낄 수 있는 계단식 골목

계단은 집의 대문과 연결된다. 계단은 이 마을 사람들의 마당이자 골목이고 길이다. 현재는 '초량 이바구길'의 코스로 지정되어 계단이 정비되고 구경거리도 많아졌다. 이 계단식 골목을 걸으며 피란민들의 이야기를 상상해보자. 걷기가 힘들어도 문제없다. 168계단 옆으로 노약자가 쉽게 오르내릴 수 있도록 길이 60m, 기울기 33도의 이동편의시설(168모노레일)이 설치되어 있다. 모노레일에 탑승하면 탁 트인 부산항 전망과 산복도로의 풍경을 한눈에 감상할 수 있다.

머리 위로 인생의 무게를 받치고 168개의 계단을 박차며 하루를 버티는 삶을 떠올린다. 억척스러운 이야기 한 토막이 사람을 울린다.

'우물 앞'에서 상층으로 가는
모노레일에 올랐더니
한 관광객이
'계단 참 가파르다'며 놀란다.
같이 탄 마을 어르신이 말씀하신다.
"60년 전에 내가 이 동네 들어올 때
위쪽에 공사하는 집이 많았거든.
흙을 계단 밑에서 저 위로 옮기는데
차가 못 들어오니까
일일이 손으로 옮겼다고.
그걸 일당 받는 아지매(아주머니)들이
다라이에 담아서
머리에 이고 올랐습니다.
얼마나 대단합니까."

+ Plus Good Tip

초량 이바구길 코스 투어를 신청해서 즐길 수
있다. 〈이바구자전거〉와 〈산복곳곳체험 '소
풍'〉 등의 체험프로그램도 마련돼 있다.
- **모노레일 운영시간** : 07:00~20:00
- **투어코스**
  지하철 1호선 부산역 7번출구 출발
  ⋯ (옛)백제병원 ⋯ 남선창고터 ⋯ 담장갤러
  리 ⋯ 동구인물사담장 ⋯ 이바구정거장
  ⋯ 168도시락국 ⋯ 우물터 ⋯ 168계단/모
  노레일 ⋯ 김민부전망대 ⋯ 6.25막걸리 ⋯
  이바구충전소 ⋯ 당산 ⋯ 이바구공작소 ⋯
  장기려더나눔센터 ⋯ 스카이웨이전망대 ⋯
  유치환우체통 ⋯ 까꼬막 ⋯ 까꼬막카페

#이바구길 #피란민 #판잣집 #계단이_골목
#모노레일

020

묘지 위의 평화
유엔기념공원과 평화공원

특별할 것 없이 느껴지던 평화가
새삼스레 감사하다

글 송교성

유엔기념공원은 엄숙함과 경건함이 느껴지지만, 밝고 정겹게 평화와 생명을 만날 수 있는 장소다. 인근의 평화공원과 함께 사계절 내내 다양한 식물과 동물이 숭고한 희생을 평화롭게 감싸고 있다. 나무 그늘에 돗자리를 펴고 앉아 지나는 사람들과 반려동물들 속에서 정겹게 평화를 만나보자.

📍 유쾌하다 | 활기차다 | 감성적이다

역사는 흘러 꽃과 나무가 되었다
- 홍석진 영상작가 〈안녕광안리 vol.17〉

눈에 보이지 않는 평화를 보여주듯

유엔기념공원은 죽음과 묘지가 연상되기 때문에 엄숙함과 경건함이 느껴지지만, 사실 밝고 정겹게 평화와 생명을 만날 수 있는 장소다. 세계 유일의 유엔군 묘지로 묘역과 위령탑, 국가별 기념비를 다양한 식물과 동물들이 사계절 내내 평화롭게 감싸고 있기 때문이다. 공원에는 늘 오리, 거위들이 한가롭게 노닐고 있고, 계절별로 다양한 철새들이 도래한다. 금잔화, 봉숭아, 베고니아, 무궁화, 동백, 곰솔, 수국 등 80여 종의 식물이 공원을 뒤덮고 있다.

온갖 식물과 동물을 만나는 평화공원

유엔기념공원 옆에 조성된 평화공원은 생태환경을 학습하고 체험할 수 있는 놀이터다. 곤충체험장과 수목전시원이 있고, 거북이와 금붕어 등이 있는 생태연못도 있다. 무엇보다 유엔기념공원은 음식물 반입과 반려동물 동반이 안 되지만, 평화공원은 가능해서 반려동물과 함께 즐거운 시간을 보낼 수 있다. 돗자리를 하나 준비해서 가자.

작은 공원이지만 다양한 종의 나무가 우거져서 그늘이 많다. 가장 엄숙한 곳에서 정겹게 평화를 만나보자.

+Plus Good **Tip**

유엔기념공원 근처에는 걸어서 갈 수 있는 국립일
제강제동원역사관이 있다. 부산항이 일제강점기
강제동원의 주된 출발지였고, 강제동원자의 22%
가량이 경상도 출신이었다는 사실을 고려하여 부
산에 건립되었다. 일제강제동원의 실체를 알 수 있
는 유물이나 사진 자료와 함께 간접적으로나마 피
해자의 심경을 공유할 수 있는 체험 공간 등으로
구성되어 있다.

#평화 #UN #UN묘지 #평화공원
#일제강제동원역사관

그리운 사람을 그리워하라
사십계단

계단 중턱 아코디언 아저씨 청동상 옆에 앉아
그리운 사람에게 엽서 쓰기

글 김수우

한국전쟁 때 몰려온 피란민들이 하루에도 수십 번씩 오르내리던 사십계단. 피란살이의 고달픔과 향수를 달래며 잃어버린 가족을 기다리던 자리, 억척스레 일상을 꾸리던 서민들의 애환이 오늘도 묻어난다.

📍 애틋하다 | 따뜻하다 | 뭉클하다 | 그립다

사십계단에 앉아서 보는 하늘은 특별하다

계단 부근은 피란민 판자촌과 구호물자를 파는 장터가 있던 곳이었다. 애환이 깊은 이 층층대 중간엔 힘든 생활 속에도 낭만을 간직했던 50년대 아코디언 거리악사 동상이 있다. 뒤쪽 버튼을 누르면 1951년 박재홍의 〈경상도 아가씨〉라는 노래가 구슬프게 흘러나온다. 수십만 실향민이 그랬던 것처럼 누군가의 안부를 기다리는 일은 우리 안에 계단을 오르는 일과 같다.

청동조각상들에게 말을 걸어보자

옛날 나무전봇대들과 함께 거리 곳곳에 설치된 청동조각 작품들이 그 당시 생활상과 함께 향수를 불러일으킨다. 아이 업은 어머니, 뻥튀기 과자의 추억을 떠오르게 하는 장면, 물동이 진 소녀, 지게꾼 등 피란살이를 상징하는 청동상들이 따뜻한 목소리를 건넨다.

동광동 마로니에 나무 아래에 앉아 마음을 내려놓자. 피란길에 잃은 가족을 기다리는 심정을 헤아려보는 것만으로도 삶이 소중하게 다가온다.

인쇄골목길의 서정을 돌아보자

사십계단 주변은 오래전부터 인쇄업체 밀집 지역으로 인쇄업의 총본산이었다. 지금은 많이 쇠락했지만 아직도 소박한 인쇄시설들이 구석구석에서 기계를 돌린다. 촘촘히 자리잡은 출판사, 종이가게 등 출판관련업소들이 새로 형성된 카페촌과 잘 어우러지는 중이다.

노동자로, 도시기층민으로 제 고동소리에
저 먼저 놀란 화물선으로 산다는 전율에 매여만 살았다
어렵고 어려울수록 항상 셈이 틀렸고 답도 틀렸으나
전선 한 줄이 흘러도 참새 몇 마리는 앉아있듯이
밑천 들지 않는 건 사람장사뿐이지

- 서규정 〈사십계단〉에서

원도심예술창작촌 〈또따또가〉를 엿볼 수도 있다

2010년 〈또따또가〉가 들어서면서 다양한 분야의 젊은 예술인이 200여 명 포진, 장소성의 회복과 함께 새로운 문화거리를 형성하면서 독립서점들이 하나씩 들어서는 중이다. 젊은 작가들의 전시도 많고 또 예술교육 도시의 비전이 씩씩하게 자라고 있다. 사십계단을 중심으로 다양한 축제들이 계절마다 펼쳐진다.

+Plus Good Tip

주변에 값이 싸면서도 오래된 맛집들이 모여 있는 것이 특징이다. 또 사십계단 앞은 영화 〈인정사정 볼 것 없다〉의 배경이다. 관객의 목소리를 보여주는 영화공간 〈모퉁이극장〉, 2평짜리 서점 〈여행하다〉, 〈주책공사〉 등 샛골목에 숨어 있는 문화공간을 찾아가 보자. 수요일마다 열리는 반짝시장에서는 소박한 공예품이 반짝인다. 역시 피란민들이 딛고 살았던 반달계단까지 걷거나 사십계단문화관에 들러 피란시절의 생활상을 전시로 만나보는 것도 좋다.

#사십계단 #경상도아가씨 #또따또가 #피란민
#인쇄골목

40
계단문화축제

022

산 자와 죽은 자의 공존
비석문화마을

**죽은 자의 비석을 딛고 산 자의 애환을 떠올리고,
내 삶을 토대로 묘비명 떠올리기**

글 이정임

아미동 산 19번지 일대는 일제강점기에 조성된 일본인 공동묘지가 있던 자리다. 한국전쟁 시기 오갈 곳 없던 피란민들은 묘지의 비석과 상석으로 집을 지었다. 그렇게 수십 년 동안 산 자는 죽은 자와 등을 맞대고 살아왔다.

📍 짠하다 | 애잔하다 | 인정스럽다

공동묘지가 있던 자리

한국전쟁 발발 이후 피란민의 대거 유입으로 부산은 인구포화 상태였다. 맨몸으로 피란 온 사람들은 살 곳을 찾기 위해 산에 올랐고, 거적, 판자 등을 모아 움막을 지었다. 아미동 산에도 피란민이 모여들었다. 건축자재가 제대로 있을 리 없었다. 그들은 공동묘지의 상석과 비석을 계단, 담장, 축대, 벽의 일부로 사용했다. 일본의 무덤은 한국과 달리 사각형의 판형이라 그곳을 바닥 삼아 기둥을 세웠다.

죽음과 슬픔의 장소,
강인한 생명력으로 만들어낸 삶의 장소

어쩔 수 없는 일이었지만 피란민들은 죽은 자와 등을 맞대고 살아야 했다. 그래서일까. 아미동에는 천장과 벽장에서 일어로 된 귀신 소리를 들었다는 증언이 많이 나왔다. 물론 주민들은 빚진 마음을 모른 척하지 않았다. 명절이나 제사를 치를 때 한 사람 분의 그릇을 더 두고 절하는 등 죽은 자에 대한 고마움을 전했다.

+Plus Good Tip

아미동과 감천동은 옆 동네 사이다. 산복도로에 들어선 마을이라는 점은 같지만 마을 분위기가 조금 다르다. 아미동 비석문화마을과 감천문화마을을 같이 둘러보며 무엇이 다른지 찾아보기를 권한다.

#아미동 #비석문화마을 #공동묘지 #한국전쟁
#비석 #상석 #감천문화마을

한없이 하늘로 오르는 비석문화마을,
'구름이 쉬어가는 전망대'에서 내 삶을 돌아보고
내 묘비에 들어갈 문구를 한번쯤
떠올려보는 것은 어떨까.

아미동 사람들

023

한 사람의 삶을 통해 인류애를 가르치는
장기려 더나눔센터

마음을 어루만지던 바보 의사 장기려의
희생과 봉사정신 되새기기

글 이정임

장기려기념관 더나눔센터는 가난한 이웃을 돕고, 어려운 처지의 환자를 돌보는 데 헌신한 장기려 박사를 기리기 위해 지어졌다. 그의 생애를 통해 인류애를 느껴보자. 의사 가운 입기, 봉제인형 만들기 등 나눔방 프로그램 체험활동도 가능하다.

📍 회복하다 | 존경하다 | 나누다

한 페이지에 다 담지 못할 그의 업적들

장기려 박사의 업적을 열거하자면 끝이 없다. 한국전쟁 때 부산으로 피난을 와서 무료천막진료소를 열었다. 고신대 복음병원의 시작이었다. 한국 최초의 의료보험조합인 '청십자 의료보험조합'을 부산 동구에 설립해 영세민의 의료복지 혜택을 고민했다. 소외된 이웃에 대한 봉사정신을 인정받아 아시아의 노벨상이라 불리는 〈막사이사이상〉을 받았지만, 그는 오히려 명예심으로 일한 것이 됐다며 수상을 부끄러워했다.

"바보로 살았으니 성공한 삶입니다"

정년퇴임 후에는 복음병원 옥탑방에 마련된 관사에서 무소유 정신으로 살아갔다. 세상을 떠날 때 그의 통장에는 천만 원이 있었는데 그마저 간병인에게 줬다. 북에 두고 온 가족이 그리워 재혼도 하지 않은 그였지만, 이산가족 만남을 주선하겠다는 정부와 북한의 제안을 특혜라며 거절했다. 사람들은 그의 기독교 신앙에 기초한 희생과 봉사의 삶에 '바보'라는 수식어를 붙였다. 그는 '바보라는 말을 들으면 성공한 삶'이라며 오히려 만족해했다.

"부산에서 나온 어마어마한 위인인데
부산 분들은 꽤 많이 알지만 서울 사람들은 잘 모른다.
전국적 인물로 부각이 안 되는 게 이해가 안 된다.
의사로서도 훌륭한 분이지만 거의 성자라고 할 수 있는 분…
사람들이 흉내만 내도 좋을 분이다."

- 유시민, tvN 프로그램 〈알쓸신잡3〉에서

그의 마음을 담은 공간이 있다

장기려기념관 더나눔센터의 4개의 나눔방(건강나눔방, 동화책방, 마음나눔방, 작은 도서관)은 주민들의 건강 증진과 문화생활 지원을 위한 다양한 프로그램을 운영 중이다. 장기려 박사의 생애가 담긴 영상물을 시청할 수 있고 의사 가운을 입어보는 체험을 할 수 있다.

"왜 아픈 사람을 환자(患者)라고 하는지 아나? 환(患)은 꿰맬 관(串)자와 마음 심(心)자로 이루어져 있다네. 상처받은 마음을 꿰매어야 한다는 뜻이라고 할 수 있네."
그의 말대로라면 사람을 회복시키는 힘은 '마음을 어루만지는 마음'에서 시작된다.

+Plus Good Tip

전시관에서 그의 생애를 읽으며 감사와 봉사의 마음을 느끼고, '산복곳곳체험 소풍'을 통해 사전예약 후 마을해설사의 안내에 따라 산복도로 곳곳의 역사 해설과 탐방이 어우러진 체험 활동을 할 수 있다.

•소풍 체험 C코스 소요시간(2시간)
탐방(1시간) + 봉제인형 체험(1시간)
•예약문의: 051-440-4784~1
(동구청 도시전략 재생과)
•운영시간: 09:00~18:00

#희생 #봉사 #바보의사 #나눔실천 #무소유 #존경
#마음

오직 사랑만이 사람을 살린다
이태석 신부 생가 및 기념관

이태석 신부 생가에 들러 다큐멘터리 시청하며
그가 말하는 '사랑'의 가치를 되돌아보기

글 이정임

이태석 신부는 성직자와 의사로서 세상 가장 낙후된 지역, 남수단에서 사랑과 봉사의 참된 삶을 살다간 인물이다. 그가 중 3때 직접 쓴 성가 가사에 '사랑 사랑 사랑 오직 서로 사랑하라'라는 말이 있다. 실제로 그는 평생 이 말을 실천하며 살았다.

📍 숭고하다 | 뭉클하다 | 멋지다

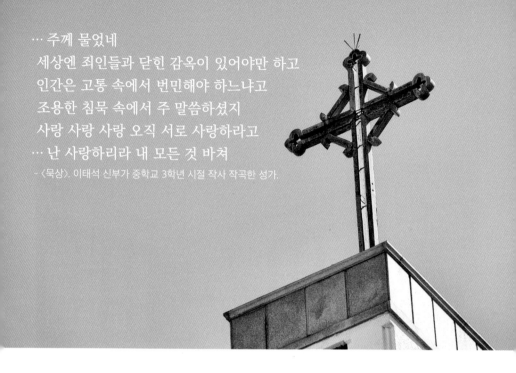

… 주께 물었네
세상엔 죄인들과 닫힌 감옥이 있어야만 하고
인간은 고통 속에서 번민해야 하느냐고
조용한 침묵 속에서 주 말씀하셨지
사랑 사랑 사랑 오직 서로 사랑하라고
… 난 사랑하리라 내 모든 것 바쳐
- 〈묵상〉. 이태석 신부가 중학교 3학년 시절 작사 작곡한 성가.

너무 일찍부터 사랑을 알던 사람

이태석 신부는 성직자이자 의사였다. 내전으로 폐허가 된 아프리카 남수단에서 전염병과 한센병으로 죽어가는 사람들을 살리고, 농경지를 일구고, 성당보다 학교를 먼저 세웠으며, 학생들이 음악을 통해 희망을 가질 수 있도록 힘썼다. 남수단은 외국인 최초로 교과서에 그를 실었고, 그의 공로를 인정해 2018년 대통령 훈장도 수여했다.

비탈길에 선 손바닥만한 집

남부민동의 경사가 급한 골목을 걷다 보면 그가 놀이터 삼아 지냈다던 송도성당을 만난다. 성당을 지나면 곧 자그마한 생가가 나타난다. 아기자기하게 꾸며져 있지만, 실제 그가 살던 시절을 추측하면 과연 10남매가 어떻게 살았을까 싶을 만큼 작은 집이다. 아버지를 일찍 여의고 자갈치 시장에서 삯바느질을 하며 가족의 생계를 꾸린 어머니 아래 가난한 생활을 했던 사람. 하지만 그에게는 음악적 재능과 의대에 진학할 만큼의 명석한 두뇌가 있었다. 집에는 그의 생전 사진자료가 전시돼 있고, 다큐멘터리 영상물이 상영된다. 조용히 영상을 시청하자.

〈울지마 톤즈〉는 천주교 사제의 삶을 다룬 다큐멘터리이지만 2011년 1월 26일에 조계사에서 공식 상영됐다. 당시 조계종 총무원장 자승 스님은 "종무원들 몇 명은 개종하지 않을까 생각했습니다"라는 농담을 던지기도 했다.

사랑을 담은 눈물에 수치란 없다

영상에는 암으로 48세에 일찍 세상을 떠난 그의 모습과 수단에서의 활동 이야기가 나온다. 눈물 흘리는 것을 수치로 여기는 딩카족 아이들은 이태석 신부의 죽음을 보면서 결국 눈물을 보인다. 〈울지마 톤즈〉는 여기서 유래됐다. 어떤 사랑은 이렇게 수치도 잊을 만큼 깊다. 이 학생들 중 아순타 씨 등 몇 명은 현재 한국에서 유학 중이다. 그들은 자신이 받았던 이태석 신부의 사랑을 양분 삼아 더 큰 사랑의 싹을 틔울 것이다.

+Plus Good Tip

생가 뒤편에 한국 천주교 살레시오 수도회에서 운영하는 〈이태석 신부 기념관〉(관장: 이세바 신부)에 가면 그에 관해 좀 더 자세히 살펴볼 수 있다. 3층 이태석 기념관에 들어서면 이태석, 쫄리 신부의 전신상이 "친구가 되어 주실래요?"라는 문구 아래에서 두 팔을 벌리고 서 있다. 그가 생전에 작사·작곡한 노래를 직접 들을 수 있는 공간도 있으니 감상은 필수다. 월요일 휴관.

#울지마톤즈 #송도성당 #쫄리신부 #묵상 #사랑

025

시민의 민주정신이 녹아 있는
민주공원과 민주항쟁기념관

우리의 기본권과 행복추구권은
어떻게 지켜지는가

글 김수우

일제강점기 항일투쟁에서부터 4.19 민주혁명, 부마민주항쟁, 6월 항쟁으로 이어진 부산 시민의 숭고한 민주정신이 이곳에서 고스란히 빛난다. 그 뜨거운 정신을 계승하기 위한 부산 민주화운동의 상징적인 공간이다.

📍 뜨겁다 | 숭고하다 | 강인하다

부산의 역사적 위상을 높이는 민주화운동의 산실

1999년 개관한 민주공원은 한국 근·현대사의 발전에 기여해온 민주열사들의 희생정신을 기리고, 역사의 산 교육장으로 조성되었다. 민주항쟁기념관 안에는 중극장, 소극장이 있고, 2층에는 사무실, 상설전시실, 3층에는 기획전시실, 자료보존실이 있다. 공연장, 연못, 야외광장으로 구성되어 있는 주변은 아름다운 산책로이다. 국제회의와 학술행사, 각종 강연회 등 복합적인 열린 공간으로 활용되기도 한다.

민주주의 교육의 장을 제공하는 민주항쟁기념관

민주공원의 중심시설로, 부산의 민주화 운동사가 한눈에 다가온다. 시민에게 민주주의 교육의 장을 제공하는 민주항쟁기념관에서 부산에서 활동한 뜨거운 열사들의 얼굴을 만나보는 것은 특별한 경험이 되지 않을까. 학생운동가, 재야운동가, 노동운동가 등 민주인사의 실천적 의지는 우리가 구현해야 할 인류 보편의 가치로 다가올 것이다.

민주의 햇불과 야외수목원

원형 램프로 에워싸인 건물 안쪽 마당에는 높이 20m의 대형 상징 조형물인 '민주의 햇불'이 숭고미를 드러낸다. 야간엔 조명을 통해 활활 타오르는 모습을 보여준다. 야외수목원에는 약 4백 종의 수목이 자라고 있

고, 건물을 따라 도는 일주도로는 고난의 장, 추념의 장, 정의의 장 등 테마별로 구성되어 있다. 민주공원 전체를 감싸는 일주도로에서는 부산항 일대를 한눈에 조망할 수 있다. 반대편에는 충혼탑이 서 있다.

부산의 민주화운동 관련 자료가 담긴 상설전시실과 총 3만 7,500건이 넘는 사료가 있는 사료보존실을 둘러보면서 부산 시민의 민주성을 확인해보자. 숨은 역사에 관심을 가지는 것이 우리 미래를 사랑하는 방식이기도 하다. 부산에서 가장 전망이 아름다운 중앙도서관이 바로 옆에 있다. 충혼탑과 부산대첩 승전기념전적비도 만날 수 있다. 조금만 걸으면 수정동 산복도로의 문화와 역사를 그대로 맛볼 수 있다. 시인 김민부전망대, 초량이바길, 168계단(모노레일) 등이다.

#민주항쟁기념관 #민주의 햇불 #중앙공원

누군가의 열정이
우리 삶을 끌어안고
디딤돌이 되었다.
지금 우리의 일상은
그들로부터 이루어졌음을
기억하자.

026

화해의 씨앗을 심은
이수현 의사자 묘소

언제 어디서든 희생은 함께 살아가는 우리에게
커다란 깃발로 펄럭이는 법이다

글 김수우

금정구 두구동 시립공원 묘지인 영락공원에 자리한 이수현. 2001년 젊은 나이로 일본에서 다른 사람을 구하려다 지하철 전동차에 생명을 잃은 의로운 한국의 아들이다. 그의 희생에서 생명의 진정한 기품과 고결함을 배울 수 있다.

📍 조용하다 | 가슴저린다 | 진지하다 | 고결하다

"지금도 그의 주인 없는 홈페이지에는
많은 네티즌들이 다녀간다.
때로는 친구처럼, 때로는 오빠처럼
이수현을 부르며 자신들의 삶을 반성하고
이수현을 추모하는 글들을 남기고 있다.
이들의 글을 보고 있으면
여전히 우리 사회에
존재하는 희망을 발견할 수 있다."

- 오마이뉴스 시민기자 홍성일

화해와 공존의 진정한 가치를 남기다

제3영락원 입구 7묘역 39블럭은 언제나 고
요하다. 이수현, 그가 남긴 것은 무엇일까.
타인을 위해 바친 죽음은 수려한 젊음과
함께 아름다운 신화가 되었다. 남다른 그
의 살신성인은 오늘날 한일관계의 복잡성
에도 불구하고 생명의 아름다운 지표를 세
우고 있다. 일본과 한국대학생들이 그 뜻
을 지키며 지금도 추모하는 모임을 가진
다. 이수현 씨가 숨진 신오쿠보역 벽에는
그의 넋을 기리는 추모 글이 새겨진 기념
물이 있다. 해마다 1월이면 추모객들의 발
길이 끊이지 않는다.

아름답다는 것은 무엇을 말하는 걸까

인류는 오래전부터 아름다움을 추구해왔
다. 아마도 진정한 아름다움은 자신의 삶
을 씨앗으로 만들어내는 것이 아닐까. 의
로운 씨앗은 보이지 않는 데서 줄기를 벋
고 꽃을 피워낸다. 모두에게 감동을 선물
하고 존재의 의미를 되돌아보게 하는 힘,
그것이 진정한 아름다움이다. 그의 비석
앞에 한참을 그냥 무심으로 앉아 있으면
이 험한 시대를 위한 보이지 않는 당부가
닿으면서 마음이 울컥한다.

의인의 삶은 영원한 깃발이다

이 시대 의인의 모습을 보여준 이수현의
희생은 한·일 양국 국민의 양심에 영원히
기억될 것이다. 그 이름이 모두의 가슴속
에 빛나는 한 그의 죽음은 헛된 것이 아니

다. 오히려 진정으로 살아있는 삶이라고
해야 할 것이다. 생명은 그렇게 해서 영원
성을 얻는다.

+Plus Good Tip

영락공원의 무수히 펼쳐진 낯선 이의 묘역을 바라
보며 죽음에 친근해져 보자. 훨씬 큰 지혜가 다가
올 것이다. 언제나 죽음은 삶을 지혜롭게, 또 너그
럽게 한다. 고개를 넘어 2, 30분 걸으면 범어사역
에 도달하므로 금정산 범어사를 방문하기도 좋다.
주변에 산책하기 좋은 금강식물원이나 청동기시
대, 삼한 및 삼국시대 초기의 유적인 노포동 고분
군도 들만하다.

#이수현 #의인 #일본 신오쿠보역 #영락공원
제3영락원

027

역사로의 나들이
복천박물관

고분군 언덕을 산책하며
도시의 미래를 상상해보자

글 송교성

대도시 부산의 한 가운데에는 1500년 동안 잠들어 있다가 세상에 모습을 드러낸 고대 가야의 고분군이 있다. 5세기에 주로 만들어진 당시 지배층의 무덤이다. 무덤은 인간이 세상에 남긴 마지막 삶의 흔적이라고 하는데, 가야의 무덤을 통해 도시의 미래를 상상해보자.

📍 역사적이다 | 운치 있다 | 아늑하다

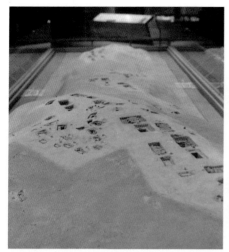

고분으로 이해하는 부산 고대 역사

대도시 부산의 한 가운데 옛 무덤이 있다. 1500년 동안 잠들어 있다가, 1969년 발굴 조사되면서 세상에 모습을 드러낸 고대 가야의 고분군이다. 출토된 유물로 복천박물관을 조성해두었는데, 그리 크지 않지만 산기슭 아래 운치 있게 자리해 시선을 사로잡는다. 전시실에는 고분에 대한 기본적인 안내와 가야, 그리고 반여동, 오륜대, 연산동 등 부산의 고분문화를 소개해두었다.

야외전시관에서 만나는 가야

박물관을 나오면 언덕으로 이어진다. 복천동 고분군은 동래 마안산에서 남쪽으로 뻗은 언덕 전체에 조성된 전형적인 삼국시대 무덤 유적으로, 발굴 당시 무덤의 내부 모습을 보여주는 야외전시장을 조성해두었다. 발굴한 모습 그대로 전시되어 있어 가야문화를 한눈에 이해할 수 있다.

도시의 미래를 상상하자

고분은 옛 무덤이라는 뜻이다. 무덤은 인간이 세상에 남긴 마지막 삶의 흔적이기도 하다. 그래서 야외전시관과 일대에 조성된 산책로를 따라 걷다 보면 자연스럽게 우리가 살아가고 있는 지금 도시의 미래를 상상할 수밖에 없다. 과연, 우리는 어떻게 남겨질 것인지 고대의 무덤 위에서 상상해보자.

+Plus Good Tip

매주 토요일, 매월 마지막 주 금요일은 09:00~20:00까지 개장하며, 단체 전시해설은 매일 오전 10시 30분, 오후 2시에 진행된다. 복천박물관 주변으로는 동래읍성 역사관, 장영실 과학동산이 있어 산책하기가 좋다. 특히 동래읍성 뿌리길, 장대길, 마실길이 코스로 조성되어 있어 부산의 뿌리를 이해하기 좋다.

#복천동 #가야 #고분 #무덤

028

저녁 범종 소리에 마음을 담다
범어사

조계문, 천왕문, 불이문, 금강계단을 차례로 지나
산사에 도착하기

글 김수우

신라 문무왕 때(678년), 의상대사가 해동의 화엄십찰 중 하나로 창건, 역사적으로 많은 고승대덕을 길러낸 수행사찰이다. 산마루에 금빛 우물이 있다는 금정산 자락에 자리한 이 산사는 많은 문화재와 함께 부산의 정신사와 종교사를 고스란히 담고 있다.

📍 고요하다 | 차분하다 | 마음을 씻다 | 깨닫다

선승들을 배출한 수행도량

해인사, 통도사와 함께 영남의 3대 사찰로, 특히 선불교의 전통이 강해서 선찰대본산이라 불린다. 근세의 고승 경허는 범어사에 선원을 개설하였다. 범어사를 거쳐간 고승들은 의상대사를 비롯해서 원효, 표훈, 낭백, 명학, 경허, 용성, 성월, 만해, 동산스님 등이다. 수행의 오랜 전통을 지닌 채 수행 공간을 지속적으로 확충한 범어사는 2012년에 금정총림으로 지정되었다.

범종 앞에서 마음을 씻어내다

금빛 물고기가 오색구름을 타고 내려와 놀았다고 하여 범어사(梵魚寺)라고 이름지었다. 일주문인 조계문을 지나고 천왕문, 불이문, 금강계단을 차례로 지나 대웅전 마당에 들어서면 어느새 마음이 말갛게 씻겨져 있다. 하나의 문을 지날 때마다 사바의 먼지를 떨어내고 나면 나를 내려다보는 금정산과 마주친다. 거기 거울처럼 내가 비친다. 산자락에 휘감긴 대웅전 마당에서 범종 소리에 귀 기울여보자. 앞으로만 치닫던 일상이 저만치서 잔잔해진다.

우리 안에 있는 무수한 우리들,
인드라망의 투명한 그물이
환하게 다가오는 산자락
범어사에서 지금, 여기가 더 선명해진다.

- 김수우

금정산 자락 들추어보기

주변에 천연기념물 제176호로 지정된, 자
생하는 등나무 군생지가 있어 해마다 늦봄
엔 보라색 등나무 꽃으로 진귀한 풍경이
연출된다. 또 범어사를 끼고 깃들어 있는
11개의 암자를 순례해보자. 청련암, 내원
암, 계명암, 대성암, 금강암, 안양암, 미륵
암, 원효암, 만성암, 지장암 등이 은둔자처
럼 숨어 있다.

+Plus Good Tip

금어 템플스테이나 휴휴 템플스테이 등에 참여해보
자. 한적하고 고요한 수행도량에서 바람소리, 새소리,
물소리를 벗 삼아 삼매에 들면 자연과 내가 하나임을
깨우치게 된다. 그 과정에서 한 번 절하고, 한 알 꿰면
서 세상에서 하나 밖에 없는 행복을 위한 108서원주
(염주)를 직접 만들어볼 수 있다. 참선, 발우공양 등도
근원을 찾는 공부가 될 것이다. 고즈넉하고 청아한 정
취를 찻잔에 담아 음미하거나 108배에 도전하여 자
신을 스스로 낮추는 하심(下心)을 배우는 것도 나를 찾
는 방법이다.

#금정산 #화엄십찰 #금어 #템플스테이 #금정총림

029

민족 정신의 보고
백산기념관/한성1918

근대문화유산에서
민족, 독립, 예술, 정신을 되새기다

글 이정임

부산과 함께한 100년의 역사를 가진 한성1918은 민족계 근대 은행인 한성은행 부산지점이었다. 백산기념관은 백산 안희제 선생의 항일 독립정신을 기념하기 위하여 세운 건물이다. 백산 선생은 이 자리에 백산상회를 설립, 운영하여 독립운동 자금을 마련하였다. 두 곳 모두 일제강점기의 민족 정신을 떠올릴 수 있는 공간이다.

📍 레트로하다 | 찡하다 | 존경하다

국가가 망해 가는데
선비가 어디에 쓰일 것입니까.
- 백산 안희제

백산 안희제 선생에게서 배운다

백산기념관은 백산 안희제(1885-1943) 선생의 항일 독립정신을 기념하기 위하여 1995년에 세운 건물이다. 원래 이 자리에는 선생이 백산상회를 설립, 운영했는데 독립운동자금 조달 및 독립신문 보급에 핵심적인 역할을 했던 독립운동기지(비밀연락기지)였다. 상해 임시정부 운영자금의 60%를 이곳에서 담당할 정도로 중요한 장소였다. 기념관에는 선생의 유품, 독립운동자료 80여점이 전시되어 있다. 이곳을 둘러보며 일제강점기의 치열했던 선생의 헌신, 독립정신, 국가와 국민의 의미, 언론인과 자본가의 사회적 역할이 무엇인지 생각해 보자.

100년의 시간을 함께한 공간 한성1918

부산과 100년의 역사를 함께 한 한성1918은 민족계 근대 은행인 한성은행(1897년 개업) 부산지점(1918년 개설)이었다. 은행으로 기능하다가 1964년에 소유권이 민간으로 넘어가게 되었다. 1층이었던 건물이 3층으로 증축되었고, 1층에는 청자다방이 들어섰다. 과거 동광동 일대는 다방거리로 유명했는데 청자 다방은 예술인들이 많이 찾는 장소였다. 2015년 부산시가 매입해서 생활문화센터로 리모델링했고, 부산문화재단이 위탁 운영을 맡고 있다. '한성1918'이라는 간판을 달고 다목적 문화 예술 공간으로, 강당과 카페, 커뮤니티룸과 공방 등으로 활용, 다양한 문화예술교육과 체험프로그램을 진행하고 있다.

+Plus Good Tip

용두산 공원에서 중앙로 방향 계단을 내려오면 한
성1918 건물이 있다. 이곳에서 열리는 문화예술
프로그램을 미리 알아보고 참여해보자. 부산 원도
심의 거리는 걷는 것만으로도 많은 것을 생각하게
한다. 동광동 인쇄골목, 40계단이 근처에 있으니
산책하기 좋다. 관광도 겸한다면 용두산 공원과 국
제시장도 가까이 있으니 동선에 넣는다면 훌륭한
하루 여행 코스가 완성된다.

•**백산기념관**
　전화: 051-600-4067
　요금: 무료 | 휴관일 : 매주 월요일
•**한성1918**
　전화: 051-257-8038
　홈페이지: http://1918.bscf.or.kr

#백산안희제 #백산상회 #독립신문 #상해임시정부
#독립자금 #독립정신 #최초민족계은행 #예술
#청자다방

030

한국 근대사의 증인
용두산 공원

공원 산책로를 걸은 후 부산타워에 올라
부산의 전망 한눈에 담기

글 김수우

원도심에 있는 구릉으로 바다에서 올라오는 용을 닮았다 하여 용두산으로 불렸던 이 공원은 한국 근대사의 빛과 그림자를 고스란히 안고 있다. 부산항과 영도가 내려다보이는 경승지이며, 특히 야경이 유명하다.

📍 소박하다 | 훈훈하다 | 친근하다

한국의 근대역사에 찬찬히 스며들다

옛날에는 울창한 소나무 사이로 바다가 보였다 하여 송현산(松峴山)이라고도 했다. 일제강점기 때 일본 신사들이 있어 신성시되기도 했지만 이젠 흔적이 없다. 한국전쟁과 산업화를 거치면서 지친 이들은 누구든지 용두산공원에 올라 부산항과 남항을 바라보며 쉼과 낭만을 얻었다. 원도심 한가운데에 있으면서 자갈치, 국제시장, 영도다리 등과 맞물리며 한국의 근대역사를 묵묵히 지켜본 중인이다.

부산타워에 올라 용의 눈을 해보기

부산타워는 해발 69m에 높이 120m로 불국사의 다보탑과 부산을 상징하는 등대 모양으로 복합 디자인되었다. 탑 내부에는 스카이라운지와 전시관, 박물관, 북카페, 기념품관이 있다. 바깥에 나오면 시민의 종, 용탑, 충무공 동상, 백산 안희제 선생 흉상, 용두산 미술관, 용두산 미술의 길 등이 발걸음을 역사적 의미 속으로 스미게 한다. 세계 유명 모형 선박 70점이 전시되어 있는 세계모형선박전시관도 흥미롭다. 선사시대 때 배부터 호화 여객선 타이타닉호까지 전시되어 있다.

꽃시계와 시비의 거리를 따라 산책하기

전국에 설치된 총 18개의 꽃시계 중 유일하게 초침이 있는 시계로 기념사진 촬영장소로도 유명하다. 모퉁이마다 정겨운 장면들이 열리는데, 부산 근대역사관으로 내려가는 숲길을 따라 시비의 거리가 있다. 시를 따라 산책하다 보면 새로운 서정이 도심 속으로 번져간다. 도심 한가운데지만 오래된 역사만큼 공원 전체를 감아도는 산책로는 깊고 진한 숲향기와 함께할 수 있는 고즈넉한 코스이다. 이 산책은 곧장 피란민의 애환과 함께 활기가 넘쳐나는 국제시장으로 이어진다.

+Plus Good Tip

영도를 마주보며 부산항과 남항을 오래 내려다보면 한국전쟁을 품어낸 역동적이고 역사적인 부산의 매력이 그대로 다가온다. 동쪽으로는 영화체험박물관과 근대역사관, 백산기념관, 근대건조물 한성1918 등 다양한 문화공간이 펼쳐져 있고, 남쪽으로는 남포동, BIFF광장 광복동, 자갈치시장 등으로, 북쪽으로는 국제시장, 부평시장, 보수동 책방골목 등이 기다리고 있다. 동서남북 어디로 내려가든 부산의 역사 속으로 걸어 들어갈 수 있다.

#근대사 #부산타워 #원도심 #시민의 종 #시비의 길
#용두산 엘레지

031

기억의 회로
연산고분군

옛 사람의 숨결 속에서
나의 숨결 헤아려보기

글 김수우

1500년 전 고대 삼국시대의 고분유적이다. 국가지정문화재 사적으로 지정되었으며, 도심 속에 있지만 고분 하나하나의 규모가 크다. 이 고분은 영남 일대에서 전개된 토목건축술의 원형과 장례문화를 밝혀준다.

📍 고요하다 | 아득하다 | 뿌리를 기억하다 | 진지하다

도심 속 고분을 천천히 걷는 새로운 경험

멀리서 보면 아파트 단지에 둘러싸인 것 같지만 가까이 보면 솔숲과 오솔길로 둘러싸여 있다. 배산의 북쪽으로 뻗어 나온 능선 정상부에 위치한 연산 고분군은 황령산으로부터 뻗은 능선을 따라 10기의 대형고분이 배치되어 있으며, 그 주위로는 무수히 많은 소형 돌덧널무덤(石槨墓)이 분포한다. 무수한 삶의 징검돌을 우리 앞에 놓았던 선인들의 하루를 헤아리는 일은 우리에게 주어진 현재를 두껍게 만드는 일이 아닐까.

역사적 상상력 발휘해보는 것은 어떨까

이 고분군에서는 일찍부터 쇠판갑옷이 출토되어 고대국가의 발전상을 보여준다. 당시 이 지역의 지배층이 군사적인 성격을 지녔다고 보기에 충분하다. 그러나 토기를 비롯한 유물 양식에서는 신라의 영향을 강하게 받고 있으므로 어느 정도 신라에 복속되었다고 추정된다. 부산지역 고대사 복원에 중요한 유산이며, 3,700여 점에 이르는 출토유물이 있다. 무덤 주변으로 다져진 산책로는 우리 일상을 잠시 우주 속으로 끌고 가기에 충분하다. 역사적 상상력은 민족문화의 뿌리를 제대로 이해하는 중요한 방식이다.

모든 무덤은 언제나 질문의 형식이다

삼국시대 구덩식돌덧널무덤, 덧널무덤 등이 발굴된 무덤군은 죽음의 방식에 대해서도 호기심을 가지게 한다. 연산동 무덤들은 무덤이 만들어진 당시 수장층의 성격과 군사력을 알 수 있게 해준다. 이 고분군은 부산지방의 여러 고분군 중에서 지하 유구와 외부 봉분이 완전하게 남아 있는 유일한 고분군으로 이 지방의 묘제연구에 귀중한 자료가 된다.

+Plus Good Tip

고분군과 이어진 동네 뒷산 배산에 올라 고분의 배경으로 놓인 아파트 단지 위로 노을을 바라보거나, 부산에서 가장 오래된 삼국시대 성곽으로 알려진 연제구 배산성터(시 지정기념물 제4호)와 우물터 등을 만나보는 것도 좋다. 또 거칠산국 왕가의 부활 공연 등이 담긴 연산동 고분군축제에 참여할 수 있다면 재미는 더 깊어진다. 내려와 온천천의 생태를 걷는 것도 일상을 넉넉하게 한다.

#고분군 #배산성터 #돌덧널무덤 #삼국시대
#쇠판갑옷 #배산 숲길

032

암흑시대의 화려한 휴양지
동래별장

일제강점기에 만들어진 별장을 보고,
금정산 자연석으로 만든 것들을 찾아보자

글 이정임

동래별장은 일제강점기에 동래온천을 즐기기 위해 많이 세워진 일본인 휴양 시설 가운데 잔존하는 유일한 건물이다. 아주 오래전 지어진 일본식 목조 건축물로 연못, 돌다리, 정자, 오솔길 숲 등 화려한 정원을 자랑한다.

📍 고풍스럽다 | 화려하다 | 애잔하다

돈, 권력이 만든 휴양시설 동래별장

일제강점기 동래 일대에는 온천, 휴양 시설을 짓는 붐이 일었다. 현재 허심청이 있던 자리에서 성업하던 봉래각, 최근 사라졌지만 금강원을 만들었던 히가시 바라(東源嘉次郎)의 별장, 그 시절 지어진 휴양 시설 중 유일하게 잔존하는 동래별장까지. 온천장은 그야말로 돈 많은 일본인들의 휴양지였다. 하자마 후사타로(迫間房太郎)라는 대지주는 부산에서 엄청난 부와 권력을 쌓았다.

그의 영향력이 얼마나 컸던지 일본식 정원이 있는 동래별장(당시 박간별장)을 짓자 고위 관리가 와서 머물거나 일본 왕족이 방문하기도 했다. 하자마는 일본에서 요양을 하다 죽었지만 60년을 부산에서 살았으므로 그의 시신은 부산 아미동 묘지로 돌아와 안장되었다.

금정산 자연석이 이곳의 벽을 채우다

동래온천과 금정산을 관광지로 엮으려던 일본인들은 정원학자를 불러 금강산 암석과 금정산 암석이 동일하고 그 모습도 유사하다는 평가를 받아냈다. '금강원(금강공원)'이라는 명칭은 여기서 나왔다. 동래별장을 바라보면 거대한 숲을 높은 돌담으로 둘러놓은 것처럼 보인다. 그것이 호기심을 자극해 오히려 신비로워 보인다. 이 담장을 비롯해 정원과 실내 돌욕장은 대개 금정산의 자연석으로 채워 넣었다.

화려한 전설이 남아있는 곳

해방 후 군정 시절 미군들의 휴양 시설로 이용되었고, 1960~1980년대에는 부산에서 매우 잘나가는 고급 요정이었다. 전직 대

통령을 비롯해 고위관료들이라면 대개 이곳에 다녀갔다고 한다. 그래서 그 시절을 담은 영화 〈범죄와의 전쟁〉의 촬영장소로 이용되기도 했다.

현재는 궁중 한정식과 각종 코스 요리를 전문으로 하고 야외 결혼식도 열 수 있는 식당으로 운영되고 있는데 2005년 APEC 공식 레스토랑으로 지정되기도 했다.

'동래별장'이라 쓰인 대문 안에 들어서면 오래되었을 숲 사이로 별장의 본관이 나타난다. 긴 복도를 가진 2층 목조건물은 당시의 화려함을 잘 보여준다. 정원에는 각종 수목과 석등이 잘 조경되어 있다. 뒤편에 작은 연못과 돌다리, 정자가 있는데 우거진 나무 사이로 난 오솔길을 따라 천천히 걷기에 좋다. 날씨가 좋은 날 근사한 식사를 한 다음 화려한 정원 풍광을 즐기기 좋다.

+Plus Good **Tip**

예약은 전화로만 가능하다.
식사를 하고 정원을 느긋하게 감상해보자.
• **주소:** 부산 동래구 금강로123번길 12
• **전화:** 051-552-0157
• **시간:** 오후 1시까지 점심 입장
　　　　3시~6시 쉬는 시간
• **휴일:** 매주 월 휴무

#동래온천 #박간별장 #일본식정원 #돌욕장
#범죄와의전쟁 #한정식 #돌잔치 #야외결혼식

033

국내 최대 규모의 석축 성벽
금정산성

국내 최장의 성벽을 걸으며
수백 년 신화와 전설 음미하기

글 이승헌

1966에 개통한 금강공원 케이블카(1,260m)를 타고 금정산에 오를 수 있다. 금정산성 동문에서 남문에 이르는 산성길을 트레킹해보자. 성벽의 멋스러움과 더불어 도시 부산의 면면을 보는 즐거움이 있다. 잠깐 벗어난 도심 속 명산에서 눈과 코와 정신이 맑아진다.

📍 정화되다 | 레트로하다 | 음미하다

부산의 명산, 금정산 그리고 산성

부산에 산이 많지만, 그중에서도 대표 명산
은 금정산이다. 설악이나 금강 못지않은 암
봉들이 이어지고, 그 유명한 원효봉과 의
상봉도 멧부리를 자랑한다. 또한 금빛물고
기 설화를 만들어낸 금빛 우물(金井)이 정상
부에 있다. 해발 800m 금정산 꼭대기 능선
을 휘감아 쌓아 올린 성벽이 금정산성이다.
길이는 무려 17km이며 낙동강 하구와 동래
일대를 내려다볼 수 있는 구조이다.

금강 케이블카를 타다

금정산성을 오르는 가장 손쉬운 방법은 금
강공원의 케이블카를 타는 것이다. 1966년
에 만들어졌으니 케이블카계의 할아버지
격이다. 형태는 상당히 예스럽기는 하지만,
조망만은 여느 케이블카에 뒤지지 않는다.
오를수록 도시 부산의 여러 형국이 쫙라주
되어 보인다. 순간 이동하며 뜻밖의 발견을
할 수 있다. 단풍이 절정인 가을에 찾으면
형형색색 절경의 멋이 극에 달한다.

내친김에 남문까지 산책

케이블카에서 내려 금정산의 속살을 따라
걷다 보면 '휴정암'이라는 암자가 나온다.
졸졸졸 흘러내리는 약수 한 사발 하고선,
바위에 새겨진 석불 앞에 잠시 서면 몸과
마음이 정화됨을 느낀다. 내친김에 힘을
내어 산성의 남문까지 산행을 해보자. 국
토를 옹위하려 하였던 웅장한 남문의 성벽
앞에서 지난 세월의 깊이를 더듬어보자.

+Plus Good Tip

남문에서 하산할 때는 무리하지 말고, 시내버스
203번을 타고 내려오면 된다. 짧은 산행이지만,
산행의 끝은 역시 식도락이다. 온천시장에서 하차
하면 지천이 먹거리다. 하산객들이 들어가는 식당
을 따라 들어가면 크게 실패할 일이 없다. 대표적
으로 파전과 막걸리를 먹거나, 가오리회, 회보쌈,
칼국수 등을 먹는다. 배를 조금 채우고 나서 온천
욕(허심청 등)까지 즐긴다면 최상의 소확행 일정이
될 것이다.

#금강케이블카 #온천시장 #남문 #휴정암

Part.3

짜릿한 만남,
유니크한 부산의 매력에 빠지다

034

부산의 열정이 모이는 곳
사직야구장

"마!!!"를 외치다 보면
진정 이곳이 부산임을 느낀다

글 이승헌

부산 사람들은 열정적 성향을 가지고 있다. 그 에너지가 가장 잘 드러나는 곳이 야구장이다. 어우러져 응원할 때면, 야구장은 세계 최대의 노래방이 된다. 마음껏 소리쳐 부르다 보면 카타르시스를 느낄 수 있다. 승패를 떠나서 응원의 도가니에 빠져보는 것만으로도 흥겨운 체험이다.

📍 열정적이다 | 이색적이다 | 전율을 느끼다

야구의 도시, 부산

부산지역을 연고지로 한 롯데자이언츠 팀에 대한 시민들의 애증은 유별나다. 성적이 중위권 이상만 유지하더라도 구름 떼같이 야구장을 찾다가도, 바닥을 기기 시작하면 싸할 정도로 외면하기도 한다. 그래서 한국 프로야구의 흥행이 롯데의 성적에 달렸다 할 정도다.

특별한 응원문화

전 세계인에게 전파된 '파도타기' 응원이 사직야구장에서 시작되었다. 신문지와 주황색 비닐봉지를 이용한 응원도구도 매우 창의적이고 이색적이다. 떼창과 독특한 응원용 구호는 상대 선수들이 두려워할 정도의 에너지를 내뿜는다. 특히 관중석이 꽉 찼을 때는 전율이 느껴질 정도다. 어떤 이는 게임 결과에는 관심이 없고 응원의 즐거움 때문에 야구장을 찾기도 한다.

별은 하늘에만 떠 있다고 별이 아니에요.
누군가에게 길을 밝혀주고, 꿈이 돼줘야 그게 진짜 별이에요.

- 최동원 선수가 남긴 명언

초강력 힘을 뿜는 부산 사투리

'아주라'가 무슨 뜻인지 알면 부산 사람이다. 부산 사람만이 아는 사투리다. 관중석으로 날아온 야구공을 잡으면, 주변에서 일제히 외친다. '(제일 가까이에 있는 주변)아이에게 공을 주라'고. 상대 투수의 불필요한 견제구에 대해서는 입을 모아서 "마!"를 외친다. '야, 임마' 혹은 '하지 마'의 부산 사투리다. 상당히 위압적으로 들린다. 자이언츠 타자에게는 무조건 '쎄리라'로 안타를 독려한다.

사직야구장 본부석 출입구 인근에 투구 폼을 형상화한 동상이 하나 세워져 있다. 롯데자이언츠 구단의 상징적인 인물인 故 최동원 선수의 동상이다. 무쇠팔이라는 별명을 가진 그는 불같은 강속구와 승부사 기질로 팀의 드라마틱한 우승을 안겨줬다. 2011년 아까운 나이에 지병으로 타계했는데, 야구인으로는 처음으로 동상을 세워 그를 기념하고 있다. 그의 등번호 11번은 영구 결번이다.

#응원 #롯데자이언츠 #최동원 #야구

035

부산 트렌드의 바로미터
광안리해수욕장

바다로 이어지는
흥미진진한 도시의 뒷골목

글 송교성

매번 새로운 놀 거리를 선보여서 부산 시민들도 아끼는 도시 놀이터다. 최근 해변 뒤쪽 주택가로 놀 거리가 확장되고 있다. 여러 종류의 분위기와 매력을 지닌 공간들이 넝쿨처럼 섞여서 자라나면서 흥미로운 골목이 되고 있다.

⭐ 재미있다 | 유쾌하다 | 창조적이다

밤에 빛나는 광안대교의 불빛은
눈을 감아도 반짝인다.

광안리는 재밌다

1.4km에 이르는 해수욕장 주변은 매번 새
로운 놀거리를 선보인다. 어떤 곳보다 한
발 빨리 야외 테라스를 갖춘 카페와 레스
토랑이 들어섰고, 바다를 보며 춤추고 노
래할 수 있는 라이브 카페와 노래방도 일
찌감치 문을 열었던 곳이다. 차 없는 문화
의 거리도 십수 년 전부터 시작되어 자리
를 잡았고, 여름에는 상설 프리마켓도 열
린다. 부산의 수제 맥주가 시작된 성지도
광안리다.

바다만으로는 충분하지 않다

당연히 다양한 해양레포츠도 즐길 수 있는
해변이며, 세계 최대 회센터와 콩나물국
밥 같은 먹거리도 풍부하다. 삼삼오오 모
여 앉아 해변을 바라보며 대화를 나누기도
좋고, 낭만을 즐길 만한 작은 포구도 있다.
남녀노소, 지역주민, 관광객도 모두 놀기
좋은 곳이다.

새로운 중세와 집시들의 공간, 광안리

- 장현정 호밀밭출판사 대표 <안녕광안리 vol.13>

뒷골목으로 확장된 놀이터

공방, 옷가게, 갤러리, 팻푸드점, 애견카
페, 꽃집, 햄버거집, 막걸리 전문점, 수제
맥주 가게 등 여러 종류의 분위기와 매력
을 지닌 공간이 뒷골목에 넝쿨처럼 섞여서
자라나면서 흥미로운 골목이 되고 있다.
특히 광안리는 부산의 다른 해변들과 달리
바로 뒷골목에 주거지가 형성되어 있는데,
이런 주택들을 개조한 복고풍의 주점과 상
점들이 최근 많은 인기를 끌고 있다. 늘 부
산에서 가장 빠르게 문화적 트렌드를 형성
해온 광안리답게 또다시 변화를 시도하고
있다. 광안리에선 뒷골목을 누벼보자.

+Plus Good Tip

반려견의 천국이다. 해변 뒤쪽으로 주거지가 형성
되어 있어, 다른 부산의 해변보다 반려견 산책이
많은 곳이다. 모래사장을 달려가는 반려견들의 모
습은 자유 이상의 시원함을 느끼게 해준다. 반려견
과 함께 부산여행을 한다면 반드시 광안리를 가자.

#수제맥주 #반려견 #버스킹 #차없는거리 #어방축제

036

항구의 온갖 것이 모여드는
자갈치시장

**눈도 바쁘고 귀도 바쁘고 입도 바쁜,
정신없는 시장통은 삶의 활기를 느끼게 해준다**

글 송교성

분주한 곳을 여행하다 보면 멍해진다. 바다 짠 내와 시끌벅적한 소리들, 현란한 간판들과 오고 가는 무수한 관광객들 사이를 지나다 보면 생각을 잊어버리기 쉽다. 그럴 때면 잠시 시장을 뒤로하고 남항이 보이는 친수광장에 서보자. 멀리 바다 위에 떠 있는 '그때 왜 그랬어요'를 보며 마음과 생각을 찬찬히 더듬어보자.

📍 살아있다 | 왁자지껄하다 | 싱싱하다

멈춰 있는 것은 아무것도 없다

항구의 온갖 것들이 모여드는 자갈치 시장은 늘 분주하다. 그 특유의 정서를 오감으로 느껴보고 싶다면 신동아 시장 건물로 가자. 바다의 짠 내. 시끌벅적한 소리들. 무수히 오고 가는 사람들 속에서 직접 신선한 해산물을 보고 만지고, 맛볼 수 있다. 1층 활어회센터는 노란 장판 테이블을 준비해둔 점포들이 질서정연하게 들어서 있는데, 해산물을 즉석에서 사서 먹을 수 있게 배치되어 있다. 바로 앞에서 펄떡이는 생선을 잡아다 회를 썰어주는 모습은 진기한 볼거리.

부산 사람처럼 회 먹기

부산 사람처럼 회를 먹으려면 양념 제조가 필수. 기본으로 제공되는 참기름 양념 쌈장과 초고추장을 버무리고, 청양고추 다진 것을 요청해서 한데 섞자. 백김치에 싼 회를 만든 양념에 찍어 먹어보자.

그때는 대체 왜 그랬을까?
절실하게 반성이 필요할 때면 여기에 찾아오자는 다짐을 했다.

- 방호정 작가 <깡깡이마을 100년의 울림-생활편>

분주한 시장의 한 가운데에서
상념에 젖어보기

현대화된 자갈치시장 건물을 지나 뒤편 남항이 보이는 친수광장에 서보자. 멀리 남항대교와 냉동창고들, 정박한 원양어선과 지나는 통선과 수리조선소로 이루어진 남항이 눈에 들어온다. 건너편 영도 깡깡이 예술마을 쪽을 바라보면 '그때 왜 그랬어요'라는 노란 글자가 바다 위에 유유히 떠 있다. 누군가에게 서운한 감정을 남겼을 이들에게는 자기반성을, 원망의 대상이 있는 이들에게는 심적 위안의 기회가 되길 바라며 만들어진 아티스틱 텍스트(Artistic Text) 작품(작가 : 이광기)이다. 시끌벅적한 자갈치시장 한 가운데에서 마음과 생각을 찬찬히 더듬어보자.

+Plus Good Tip

신동아시장 건물 지하에는 인근 상인들이 이용한다는 음식센터가, 1층에는 활어회센터가, 2층에는 각종 건어물 가게들이 입점해 있다. 부산을 방문한 기념으로, 건어물은 좋은 선물이 될 수 있다. 맞은편 현대화된 자갈치시장 건물 옥상전망대도 가보자. 남항대교, 영도다리 등 자갈치시장 주변 정경을 한눈에 볼 수 있다. 시간이 된다면 최근 영도다리 쪽 자갈치시장 끝, 복합문화공간 B.4291도 가보자. 건어물 위판장 건물을 새롭게 리모델링한 곳으로 부산의 콘텐츠를 활용한 독창적인 기념품을 구매할 수 있다.

#자갈치 #꼼장어 #생선구이 #남항 #자갈치전망대
#신동아시장

037

싱싱한 아침이 시작되는
부산공동어시장

공동어시장에서 경매 구경하며
일출보기

글 송교성

늘 활기차게 새벽을 여는 부산공동어시장. 밤새 항구로 들어온 배에서 하역한 생선들을 정리해서 새벽 6시부터 경매가 열리는데, 위판장에 가득한 수산물 사이로 많은 사람이 오가며 분주하게 진행된다. 그 모습을 보는 것만으로도 펄떡이는 싱싱한 활기를 느낄 수 있다.

📍 싱싱하다 | 쎄다 | 멋있다 | 경이롭다

진정 살아간다는 것을 만날 수 있다

달이 채 지기 전 차가운 새벽을 활기차게 여는 부산공동어시장은 우리나라 최초의 근대적 어시장으로 부산항 제1부두에서 시작되어, 1973년 현재의 위치로 이전하여 개장했는데, 국내 수산물 위판의 약 30%를 책임지고 있는 매우 큰 어시장이다. 이곳은 모두가 잠들어 있는 새벽부터 경매를 시작하면서 부산의 아침을 깨운다.

새벽을 깨우는 사람들이 모두 여기에

6시 즈음 새벽의 고요한 충무대로를 지나, 공동어시장의 입구에 들어서면 비릿한 내음과 함께 후끈한 열기가 뜨겁게 전해진다. 줄지어 정박한 어선들이 출항을 준비하며 불을 밝혀놓은 모습, 드넓은 위판장을 가득 메운 수산물들은 그 자체가 경이로운 장관이다. 어종별로 배열된 어획물들 사이로 경매사와 중도매인들이 함께 이동하면서 경매가 진행되는데, 독특하고 생동감 있게 진행되는 경매 모습을 보다 보면 차가운 새벽이 어느새 뜨겁게 달아오른다. 그 모습을 보는 것만으로 싱싱한 날 것의 활기가 전해진다.

이곳은 정통 경매 방식을 아직도 하고 있으므로 부산을 찾는 관광객들에게 귀한 볼거리를 제공해준다. 경매가 끝나고 선망 배들이 일제히 바닷가로 작업을 나가는 모습 또한 장관이다.

– 101가지 시민발굴단 박미혜

활력 있는 여행이 시작되는 곳

여름에는 일출 시간이 빠르지만, 가을·겨울은 경매장 뒤편에서 남항대교 사이로 서서히 떠오르는 해를 볼 수 있다. 특히 겨울에는 경매 구경 후에 공동어시장 가까이 천마산 산복도로나 송도해수욕장으로 이동하여 일출을 보는 코스도 좋다.

+Plus Good Tip

어획량이 적어 경매가 열리지 않는 날도 있고, 성어기에는 일요일도 개장할 때도 있다. 경매가 열리지 않는 날에도 새벽부터 출항을 준비하는 어선들의 모습에서 활력을 느낄 수 있다. 경매 구경을 놓쳤다면 근처 충무동 새벽시장으로 가보자. 이른 아침 문을 여는 식당이나 식료품 가게 주인들이 주로 애용하는 농수산물 시장으로, 부산의 또 다른 활기찬 새벽을 느끼기에 충분하다.

#새벽시장 #경매 #수산물 #충무동 #위판장

038

4계절 내내 파도를 타는
송정해수욕장

누구에게나 열려 있는 서핑,
망설이지 말고 도전해보자

글 송교성

송정해수욕장은 서핑을 즐기기에 가장 최적화된 장소라고 한다. 서핑스쿨들이 해변을 따라 곳곳마다 들어서 있고, 바다와 가까워 이용하기 편리하다. 송정의 바다는 수심이 얕고 경사가 완만하며 파도가 거칠지 않아 바다 수영뿐만이 아니라 서핑 초보자가 즐기기에 적합하다. 입문자를 위해 사계절 내내 파도를 탈 수 있도록 서핑스쿨이 열려 있다.

📍 이국적이다 | 정열적이다 | 시원하다 | 젊다

하늘과 바다가 맞닿은 듯한 봄 송정
반짝이는 모래가 보석 같은 여름 송정
서핑이 제철인 가을 송정
일출이 장관인 겨울 송정

어느 것 하나 부족함이 없다.

"송정은 부산의 보물 같은 곳이에요.
여름철에는 남서풍이 불고
겨울철에는 북동풍이 불어
4계절 내내 파도가 있고,
추운 겨울에도 수온을 13도로 유지해
동호인들이 해양레포츠를
즐길 수 있어요. 이런 곳이 없습니다."

- 서미희 송정서핑학교 대표
  <다이내믹 부산>. 2019년 8월호

늘 서핑을 즐기기에 좋은 바다

서퍼들은 송정해수욕장이 파도가 들어오는 일 수가 가장 많은 곳이라고 한다. 사계절 내내 바람이 부는 곳이고, 수온도 적당해서 가장 최적화된 장소라고 추천한다. 무엇보다 서핑스쿨들이 해변을 따라 곳곳마다 있어 이용하기 편리하다. 바로 앞이 바다라서 무거운 보드를 들고 멀리 걷지 않아도 바로 바다랑 놀 수 있다는 것도 송정해수욕장의 장점이다. 그래서 해변에는 늘 파도를 향해 달려드는 사람이 많다. 파도를 타고, 바다를 가르는 일은 온몸을 써 보는 짜릿한 일이다.

어린아이와 함께
가족이 즐기기에 가장 좋은 바다

부산의 다른 바다보다 깊지 않고 크지 않아 안정감이 있고, 계절마다 수온이 크게 다르지 않아 겨울에도 해상 스포츠를 즐길 수 있다.

아이들을 위한 서핑스쿨도 열리고 있어 온 가족이 함께 배우고 즐길 수 있다.

주차시설도 잘 갖춰져 있고, 해운대나 광안리와 같은 도심과도 대중교통으로 이동하기 편리하다. 그래서 아침에 서핑하고 출근하는 사람이 있다고 할 정도이다.

+ Plus Good **Tip**

송정해수욕장은 해운대해수욕장이나, 광안리해수욕장에 비해 조용하고 아늑한 해변이다. 남국의 정취가 가득한 이곳에는 번잡하지 않게, 조용히 사색할 수 있는 카페들이 주변 구덕포, 광어 골 쪽으로 형성되어 있다. 시간이 된다면 옛 송정역사에서 시작되는 동해남부선 옛 철길을 걸어보는 것도 좋다. 미포, 청사포로 이어지는 이 길은 수려한 바다 풍경과 함께 걷기 좋다.

#서핑 #생애 첫 서핑 #서핑스쿨 #동해남부선 #철길

039

폐공장의 화려한 변신
F1963

대나무숲길에서 달빛가든까지
느린 걸음으로 도심 속 산책하기

글 이승헌

와이어를 생산하던 공장동은 복합문화 상업공간으로 변신했다. 재생공간의 전체적인 짜임이 국내 최고 수준이다. 커피전문점 테라로사도, 막걸리전문점 복순도가도, 중고서적전문점 YES24도 품격을 한층 끌어올려 준다.

📍 빈티지하다 | 소담하다 | 어우러지다

갤러리, 도서관은 물론 카페와 파인 다이닝까지 갖추고 있어
가족과 함께 온종일 시간을 보내기에도 안성맞춤.
가드닝에 관심이 있다면 온실에서 자연식 먹거리를 즐기고
가드닝 수업을 수강할 수 있는 원예점을 둘러봐도 좋다.
- 〈향장〉. 2019년 10호 중에서

공장이 문화가 된 공간

고려제강의 옛 공장동이었던 건물이 문화
와 상업 기능이 어우러진 복합건물로 대변
신했다. 방치되어 있던 공장이었다고는 느
낄 수 없는, 완전히 새로운 콘텐츠의 장소
가 되었다. 오랜 시간의 거친 흔적을 지워
내지 않으면서도 현대적 디자인과 기능을
가미함으로써 공간 곳곳이 풍성하다. 주
현관으로 들어가면 가운데에 하늘이 뚫린
마당이 있다. 우리 전통한옥에서와 같이
건물이 둘러싸고 있고 그 가운데에 마당을
배치한 것이다. 휴식과 여러 행사의 기능
으로 활용되는 멀티 펑션 공간이다. 낡은
공장 부자재들과 사이사이 흐드러지게 핀
억새의 설정도 절묘하게 어울린다.

반나절을 놀 수 있는 상업공간과 문화공간

마당을 사이에 두고 인더스트리얼한 카페
테라로사가 있고, 그 반대편에는 갤러리
혹은 편집숍 같은 YES24 중고서점이 마주
보고 있다. 한국적 정서를 현대식으로 연
출한 막걸리 브랜드인 복순도가도 입점해
있다. 남아 있던 공장동의 한 라인을 전시
와 공연이 가능한 석천홀로 바꿔놓았다.
피카소 전을 시작으로, 얼마 전 세계적 팝
아트 작가 줄리안 오피의 개인전을 열었
다. 석천홀에서 바로 연결되는 국제갤러리
도 공간의 품격을 더한다. 남아 있던 빈 땅
에 문화예술아카데미동을 짓고 있다. 기업
이익을 사회에 환원하고자 하는 기업가 정
신, 즉 노블레스 오블리주를 실천하고 있
는 것 같아 마음 모아 박수를 보낸다.

중고서점 뒷문을 열고 밖으로 나가면 아담하게 조성되어 있는 뒷마당이다. 왼편으로는 '뜰과숲 원예점'이 있고, 정면에는 유리온실처럼 생긴 테라스 카페가 있다. 버려져 있던 오른편의 공간을 최근에 멋지게 조성했다. 이름하여 '달빛가든'인데, 세련된 손길로 정원을 다듬었다는 것이 느껴진다. 물이 자작한 수공간에는 살짝 떠 있는 현대식 정자(콘크리트와 와이어로 제작)가 예술적이다. 후정에서 진입하는 또 하나의 스페셜 스페이스가 있는데, F1963도서관이다. 미술과 건축, 사진, 음악, 무용, 디자인 분야 책들을 특화하여 비치한 예술도서관이다. 소장 가치가 있는 책을 중심으로 수집하여 타 도서관에서 접할 수 없는 서적들이 수두룩하다. 그야말로 유니크하다.

#테라로사 #복순도가 #예스24중고서점 #석천홀
#달빛가든 #F1963도서관

040

바다로 가는 길잡이
국립해양박물관

세상의 모든 바다 이야기가
시작되는 곳

글 송교성

육지에 익숙해진 어른들의 상상력은 갇혀 있다. 아이와 함께 국립해양박물관을 가보자. 아이의 호기심을 따라 산책하듯 박물관을 둘러보다 보면, 어느새 방대한 바다의 이야기에 빠져든다. 미지의 세계로 나갔던 사람들로부터 용기를 얻고, 바다를 꿈꿔보자.

📍 신기하다 | 드넓다 | 모험적이다

망망대해에 있으면
지구가 거대한 물방울에 지나지 않는다는 생각이 든다.
사람들은 '지구(地球)'라고 하지만 내가 보기에 이 행성은 '수구(水球)'다.
이 아름다운 물방울 위에 산다는 것. 얼마나 엄청난 행운인가!

- 아라파니호 김승진 선장(국립해양박물관 기획전시 〈찬란한 도전〉 소개자료 중에서)

드넓은 바다를 품은 박물관

영도의 안쪽 다양한 해양 관련 기관들이 있는 동삼혁신지구에 위치한 국내 유일의 종합 해양박물관으로, 13,000여 평에 이르는 부지에 넓게 자리 잡고 있다. 먼 대양으로 뻗어 나갈 준비를 하는 배와 같이 생겼다. 웅장하고 독특한 외관 자체도 놀라운데, 박물관 뒤로 펼쳐진 드넓은 바다가 보는 이의 마음을 흔든다.

아이와 함께 즐기는 박물관 산책

주 출입구로 들어서자마자 보이는 3층의 대형 수족관 덕분에 아이들은 환호성을 지르며 올라가기 바쁘다. 대형 거북이와 각종 해양생물이 아이들의 발걸음을 이리저리 잡아당긴다. 하루 세 번 물고기에게 먹이를 주는데, 아쿠아리스트가 물속에서 직접 손으로 먹이 주는 시간은 하루에 한 번 있다. 오전 11시 40분부터 15분간 진행된다. 오전에 도착한다면 이 기회를 놓치지 말자. 그렇게 아이들의 손에 이끌려 이곳저곳을 돌아다니다 보면 어느새 해양생물과 역사, 인물과 문화를 알 수 있다.

아라파니호를 보며
미지의 세계로 나갈 용기를 얻자

인간은 생존뿐만 아니라 미지의 세계에 관
한 탐구를 위해서도 위험을 무릅쓰고 바다
로 나아갔다. 해양박물관에서 바다로 도전
할 수 있는 용기와 꿈을 얻자. 실내전시 관
람이 끝나고 박물관 바깥 해양 데크로 나
가면 전시된 한 척의 요트가 있다. 대한민
국 최초의 단독 무기항 세계일주 요트 아
라파니호다. 육지에 머물렀던 상상력이 바
다로 뻗어 나가는 힘이 느껴진다.

+ Plus Good Tip

해양박물관 1층에는 바다를 보면서 책을 읽을 수
있는 해양도서관이 있다. 해양과 관련된 다양한 자
료와 전문서적이 있고, 어린이 자료실도 함께 있
다. 부산에는 바다를 보면서 책을 읽을 수 있는 공
공도서관이 또 있다. 영도도서관과 다대포도서관
이다. 영도도서관은 국립해양박물관에서 그리 멀
지 않은 곳에 있는데, 꽤 높은 곳에 있어 보이는 바
다의 모습이 이채롭다.

#해양 #박물관 #해양도서관 #아쿠아리움
#아라파니호

041

전 세계 ARMY들을 위해 준비했다
부산 BTS 성지투어

부산에서
방탄소년단 발자취를 따라 걷기

글 송교성

2019년 부산에서 열린 방탄소년단 팬 미팅을 계기로 관광지로 인식되지 않던 부산의 동네들이 그야말로 전 세계 팬들이 찾는 성지가 되었다. 북구 만덕동, 금정구 금사회동동, 그리고 부산시민공원이 가장 유명하다.

★ 신선하다 | 열광적이다 | 핫하다

정국이의 모교를 바로 떠나는 건 너무 아쉬워서
운동장 한편에 앉아서 '작은 것들을 위한 시'를 들어봤어요.
어렸을 적 정국이가 운동장에서 뛰어노는 모습을
생각하면서 들으니까 노래가 두 배는 더 좋더라고요.

- 부산관광공사 블로그

만덕동의 정국, 금사회동동의 지민

정국은 북구 만덕의 백양초등학교를 다녔
다. 한때 팬들이 몰려들었을 때는 문화해
설사가 직접 '정국투어'를 기획해서 정국이
살던 아파트와 다니던 학교인 백양중학교
와 백양초등학교, 그리고 등굣길이던 은행
나무길을 투어코스로 운영하기도 했다.
금정구 금사회동동 출신인 지민 덕분에 인
적이 드문 산업단지 일대에 위치한 회동마
루(구 회동초등학교), 윤산중학교 일대도 전
세계 팬들이 방문하는 곳이 되었다.

부산 전체가 핫해지다

뷔가 팬 미팅 전 공원을 산책하며 트위터
에 "부산 좋네에~"라며 남긴 인증샷 장소
가 포토 존이 되었다. 부산시민공원의 주
변 산책로인데, 그다지 특별할 것 없는 공
간이, 세계적인 명소가 되는 순간이었다.
팬들은 남준(RM)이 왔다 간 부산시립미술
관, 지민이 손 하트를 날린 광안대교와 그
가 반한 일몰 맛집, 다대포해수욕장 등도
성지순례 장소로 추천하고 있다. 부산 전
체가 BTS 덕분에 핫해지고 있다.

대부분의 장소가 관광지는 아니지만, ARMY(방탄
소년단 팬클럽)들이 블로그와 SNS 등을 통해 자세
히 소개하고 있어 찾는 데는 어렵지 않다. 특히 부
산관광공사 블로그에서는 ARMY가 추천하는 정
국, 지민의 고향으로 북구와 금정구의 주변 여행지
를 자세히 안내하고 있다.

#BTS #Army #성지순례 #부산관광공사

042

부산 바다의 숨구멍
포구

빌딩 숲 사이 작은 포구를 드나드는 고깃배들, 바지런하고 열정적인 부산을 엿보다

글 김수우

부산은 포구의 도시이다. 동쪽 임랑해수욕장 끝자락에서 서쪽 가덕도 끝자락까지 60여 개의 포구가 살아 있다. 강물이 바다로 흘러 들어가는 자리가 포구이다. 거기서 사람들은 억척스럽게 비린 삶과 비린 꿈을 풀어내었다.

📍 비릿한 활기 | 인간답다 | 구수하다 | 역동적이다

포구들의 푸른 노래를 들어보자

도심 속 포구는 해양수도의 특성을 잘 보여주는 부산만의 독특한 지형이며 삶의 한 원형을 보여주는 숨구멍이다. 해운대의 청사포와 미포, 수영구의 민락포구, 용호동의 섭자리포구, 영도의 중리·하리포구, 대평포구 서구의 암남포구, 사하구의 하단포구 등이 유명하다. 색색으로 단장된 장림포구를 비롯, 낙동강 건너 가덕도에 이르기까지 무수한 포구가 아직도 뱃그림자를 안고 출렁이고 있다. 아파트 사이로 물살을 만들며 새벽을 나서는 작은 고깃배들은 삶의 신성함을 갖고 있다.

아직도 삶의 파도가 여울을 만드는 현장

부산이 대도시로 변신했는데도 불구하고 묵묵히 뱃일과 뱃사람 이력을 그대로 지닌 채 어촌의 생태계를 그대로 보여주는 포구. 포구마다 사람들은 아직도 그물을 깁고 다듬으며 잃어버린 기억을 끌어올리듯 삶을 끌어올린다. 삶 자체가 파도를 가르는 비린 바다이며 생명의 현장임을 그대로 보여주고 있는 것이다. 작은 고깃배들이 바다를 일구는 포구의 서정에서 부산의 삶과 꿈은 고즈넉하게 깊어간다.

"이들 포구로 향하는 길은 분명,
언제나 청춘 같은 삶의 힘찬 생명력을 발견하는 기쁨이며,
다시 삶의 소중함으로 되돌아오게 하는,
바다를 통해 더 넓고 깊은 마음을 품게 된 자신을 발견하는 만남이 될 것이다."
- 오성은, 《바다 소년의 포구 이야기》에서

포구마다 안고 있는 등대와 방파제 모두의 삶의 역사를 기억하고 있다.

포구마다 등대와 방파제를 끼고 있다. 희고 빨간 등대들은 머나먼 모험을 읽어주는 듯하다. 동쪽에서 서쪽 끝까지 포굿길마다 나름대로 얽히고설킨 지명의 속 깊은 유래가 오롯하다. 그 유래는 우리 안의 원형적 가치를 담고 있다. 곳곳에서 그물코처럼 엮여 올라오는 옛 풍경들은 수평선과 함께 잃어버린 생명의 본래를 찾아가는 길이다. 그러다 한가한 어촌에서 싱싱한 회나 해물 한 접시를 만나면 삶은 그저 넉넉해진다.

+Plus Good Tip

아직도 해녀들이 움직이는 포구가 많다. 동해안 포구들도 그렇고 민락포구, 영도 중리포구, 송도 암남포구 등 해안선을 따라 펼쳐진 포구를 찾아가면 거기 해녀들이 해녀복도 벗지 못한 채 갓잡은 해물들을 차려 내준다. 등대를 바라보면 마주하는 해산물 향기는 천상의 향기일 수밖에 없다. 그렇게 부산 도심 속 포구들은 푸르게 살아 있다.

#어촌계 #해녀 #등대 #방파제

043

바당만 있으면 살아진다게
해녀촌

대양을 품은 절경을 감상하고
싱싱하고 소박한 해산물 한 상 받아먹기

글 이정임

부산에는 영도 중리, 태종대, 오륙도, 송정 등 곳곳에서 아직도 해녀의 명맥을 잇고 있는 분들이 있다. 잠수성 두통을 달고 살지만, 자글자글한 주름과 곱은 손으로 여전히 물때를 기다려 물질을 하고, 잡은 걸 관광객에게 파는 할머니들. 아니 어머니들, 언니들, 여동생들, 딸들이다.

📍 싱싱하다 | 소박하다 | 맛있다 | 시원하다.

바다가 있는 곳에 해녀가 있다

최근 제주 해녀가 유네스코에 인류무형문화유산으로 등재되면서 재조명되고 있다. 해녀학교와 체험시설들이 건립 운영되고 관광 상품으로서의 가치도 높아지고 있다. 하지만 제주를 제외한 지역에서는 고령화와 대체 인력의 부족으로 그 맥을 잇는 데 어려움이 있다. 전국 해안가에 살아가는 해녀의 대부분은 제주도 출신이거나 2세대, 3세대다. 제주를 떠난 해녀들의 억척스러운 생활이 그녀들을 다시 바다로 이끌었다.

영도 중리 해녀의 밥상

소박하고 싱싱한 해산물이 생각나면 영도 중리로 간다. 흰여울마을을 지나면 탁 트인 바다에 가슴과 눈이 시원하다. 내항에 들지 못한 선박들이 바다 위에 둥둥 떠 있고 멀리 수평선 자락에 자잘한 섬들이 보인다. 5분여를 더 달려 중리 입구에 내리니 '중리 맛집 거리' 간판이 낯설다. 몇 해 전부터 정비를 해서 이제 완공이 되었다. 방파제가 새로 생기고 해녀문화전시관이 생겼다. 예전 해녀촌이 번듯한 건물에 해녀 수산물 판매장으로 탈바꿈했다. 해산물 모듬과 요리연구가 백종원 덕에 유명해진 멍게 김밥도 주문한다. 건물 앞에 간이 테이블에 앉아 풍광을 바라보고 있자니, 예전의 다소 지저분하고 투박했던 해녀촌이 그립기도 하다.

해삼을 썰고 있는 해녀는 지금이 어떠냐는 질문에 "우리는 어디든 바당(바다의 제주도 말)만 있으면 살아진다게" 한다.

+Plus Good **Tip**

중리 해녀촌에 가기로 마음먹었으면 영도의 명소
몇 곳을 같이 둘러보는 게 좋다. 먼저 오후 2시에
맞춰 영도다리 도개를 구경하고, 중리로 향하는 입
구에 위치한 흰여울마을로 넘어가자. '이제까지 이
런 풍경은 없었다! 여기는 한국인가 지중해인가!'
라는 말이 떠오르는 풍광을 감상하고, 중리로 가
자. 입구의 방파제와 몽돌마당을 둘러보고 해녀문
화전시관에 들러 해녀의 삶과 역사에 대해 살짝 공
부도 해보자.

#영도중리_해녀촌 #중리_몽돌해변 #해녀문화전시관
#중리방파제

044

한류가 이끄는 감동의 순간
원아시아페스티벌

자녀가 열광하는 부산여행으로
서로에게 스며들기

글 송교성

늘 여행 계획은 어른들의 몫이다. 자녀를 위한 여행을 생각할 때도 정작, 어른들을 위한 코스로 짜이기 쉽다. 만약 서먹서먹한 10대 자녀와 함께 부산으로 여행을 계획한다면 가을에 개최되는 부산원아시아페스티벌(BOF)에 맞춰보자. 자녀가 열광하는 것들로 만나는 부산여행은, 서로를 좀 더 이해하는 시간이 될 것이다.

💬 화려하다 | 열광적이다 | 스며든다

문화 콘텐츠가 한자리에

원아시아페스티벌은 K-POP 공연뿐 아니라 아트·패션·뷰티·VR게임과 부산에서 만들어진 다양한 문화 콘텐츠를 만나고 호흡할 수 있는 축제이다. 약 일주일간 해운대 구남로와 영화의 전당 등 지역 곳곳에서 개최되어 부산 관광코스와 연계하기도 좋다. 아예 모든 계획을 BOF 일정을 중심으로 자녀에게 맡겨보는 것도 좋겠다. 자녀가 열광하는 것들로 만나는 부산여행은, 서로에게 스며드는 감동적인 순간을 선사할 것이다.

가족이 함께 즐기는 한류

BOF가 아이돌을 좋아하는 청소년 팬들만을 위한 축제가 아닐까 싶지만, 가족 단위로 즐기기에 더할 나위 없이 좋은 축제다. 특히 2019년은 낙동강을 끼고 화명생태공원에서 진행되었는데, 가족 단위의 관람객들이 K-POP 음악 속에서 산책하고, 돗자리를 깔고 앉아 축제를 즐겼다. 팬과 관광객을 넘어 자녀와 부모가 함께 즐기는 대중문화 콘텐츠로 자리매김한 것이다.

+Plus Good Tip

원아시아페스티벌의 장소는 매해 변경되어 진행되고 있다. 티켓팅 전에 반드시 장소 확인을 하자. 아울러 Made in BUSAN 프로그램에 주목해보자. 부산이 가지고 있는 다양한 문화 콘텐츠와 한류를 연계한 부산만의 콘텐츠가 매해 제작되어 선보이고 있다.

#아이돌 #한류 #BOF

045

파도처럼 사람이 밀려드는
부평시장

발길 닿는 데로
작은 모험해보기

글 송교성

파도처럼 사람이 밀려들어 정신이 없는 부평시장이지만, 골목은 어디든 통한다. 여행의 목적을 잠시 잊고 발길 닿는 대로 정처 없이 모험을 해보기에 좋은 곳이다. 세상 모든 물건은 다 모아둔 듯 진기한 상점들 사이 독특한 길거리 음식들도 재미있다. 점포 사이를 이리저리 헤매다가 소소한 득템을 하는 행운이 따를 수도 있다.

📍 흥미진진하다 | 다채롭다 | 진기하다

세상 모든 물건의 전시장

국제시장에서 도로 하나를 건너면 부평시장이 있다. 전쟁 시절을 지나면서 물자들이 넘쳐나고 늘 기회가 있었다는 시장답게 여전히 없는 것 빼고 다 있는 시장이다. 면세점만큼 싸다는 양주, 담배, 화장품, 과자 등의 수입 잡화들. 원하는 물건이 있다면 반드시 찾을 수 있을 것이다. 도전해보길 바란다.

모험 같은 시장 여행

여행지에서 길을 잃는 꿈을 꾼 적이 있다. 하지만 이젠 그 꿈이 진짜 꿈이 된 듯하다. 손안의 스마트폰 지도가 늘 정확한 목적지까지 가장 빠르고 최적화된 길을 알려주기 때문이다. 뜻밖의 일들이 일어날 여유도, 우연찮은 행운도 끼어들 틈이 없다. 여행이 지루해지는 시간이다.

그럴 때면 정처 없이 발길 닿는 데로 오가는 사람들에 뒤섞여 헤매는 작은 모험을 시도해보자.

그러기엔 어디든 통하는 골목으로 빠져나가는 부평시장이 제격이다.

부산 근대의 중심지였던
중앙동 일대의 다양한 흔적들과 함께
인근에 자갈치시장과 헌책방골목까지 있어
근대시장의 면모를 여러 곳에서 느낄 수 있다.

- 박진명 문화기획자(부산학-부산을 알다)

+Plus Good **Tip**

부평시장에서는 꼭 길거리 음식을 맛보자. 비빔당
면, 유부 주머니, 납작 만두, 부추전, 묵사발, 곱창,
삼겹살 김밥 등 부평시장이 아니면 보기 힘든 먹거
리들이다. 특히 바쁜 상인들이 식사를 가볍게 때우
기 위해서 만들었다는 비빔당면과 단술(식혜) 한 잔
은 부평시장만의 독특한 먹거리다. 혹시 늦은 오후
에 갔다면 부평 야시장도 좋다. 돈 만 원만 있어도
세상의 재미난 먹거리들을 풍족하게 먹을 수 있다.

#깡통시장 #야시장 #국제시장 #비빔당면 #단술

046

낮과 밤이 다른 곳
민락수변공원

부산에서 가장 가깝게
광안대교 보기

글 송교성

민락수변공원은 두 번 가야 하는 장소다. 공원의 낮과 밤의 시간이 완벽하게 대조되는 곳이기 때문이다. 밤의 민락수변공원은 화려함 그 자체다. 반면 낮의 공원은 고요한 바다의 정취를 느끼기에 충분하다. 스산하게 느껴지는 방파제에서는 광안대교가 손에 잡힐 듯 가깝게 보인다. 낮과 밤이 다른 민락수변공원에서 대도시가 숨겨둔 낭만을 찾아보자.

📍 낭만적이다 | 고요하다 | 야성적이다

달이 지지 않는 밤

최근 유명세를 치르고 있는 밤의 민락수변
공원은 화려함 그 자체다. 강렬한 조명의
광안대교와 멀리 해운대의 휘황찬란한 야
경이 작은 포구를 덮을 듯하다. 특히 여름
밤 공원에 빼곡하게 몰려든 사람들이 뿜어
내는 열기는 사직 야구경기장의 롯데가 승
리할 때만큼 활기차다. 바로 앞 회센터에
서 회를 떠다가 돗자리를 깔고 먹는 술 한
잔은 밤을 지새울 만한 맛이다. 멀리 바다
위의 달도 지지 않는 듯하다.

역경이 없으면 삶의 의지도 없다

포구를 둘러싸고 있는 스산하게 느껴지는
방파제에 서보자. 광안대교가 손에 잡힐
듯하다. 부산에서 가장 가깝게 광안대교를
볼 수 있는 곳이다. 포구 뒤편 민락회센터
주차타워의 나이든 어부의 얼굴을 그린 대
형 그래피티 작품(작가 ECB)도 낮의 풍경과
잘 어울린다. '역경이 없으면 삶의 의지도
없다'라는 작품 글귀가 진한 바다 짠내와
함께 마음을 조용히 흔든다. 낮과 밤이 다
른 민락수변공원에서 낭만을 찾아보자.

+Plus Good **Tip**

민락수변공원 계단에 난데없이 놓인 큰 바위를 찾
아보자. 2003년 9월 12일 태풍 매미가 왔을 때
바다에서 밀려온 바위다. 태풍의 위력을 실감할 수
있다.

#밤바다 #야경 #회센터 #수변공원 #숨겨진 낭만

047

근대와 현대의 시간이 공존하는
원도심에서 영도다리까지

오래된 시간 속의 것들이
지친 일상을 위로한다

글 송교성

중앙동 일대는 부산의 기업들이 몰려 있는 대표적인 원도심으로, 점심시간이면 직장인들로 거리가 가득하다. 바삐 오고 가는 사람들 사이 근처 노천카페에서의 커피 한 잔은 일상에 지친 몸과 마음을 위로하기에 충분하다. 저녁 무렵 바다 위 영도다리에서 야경을 바라보며 마시는 맥주 한 캔은 완벽한 저녁이 될 것이다.

📍 편안하다 | 분주하다 | 그립다

분주함 속의 여유,
휴가의 묘미

남들이 일하는 모습을 보면서 여유 있게 쉬는 것이 진정한 휴가가 아닐까? 부산의 기업들이 몰려 있는 중앙동에 가보자. 한산했던 거리가 점심시간이면 직장인들로 가득하다. 그렇게 바삐 오고 가는 사람들 사이, 40계단 근처 노천카페에서 커피 한 잔을 즐겨보자. 잠깐의 여유가 여행의 품격을 높여준다.

근대와 현대의 시간이 공존하는
부산의 뿌리

중앙동은 부산의 역사가 켜켜이 쌓인 원도심답게, 근대의 시간이 오롯이 새겨진 곳이다. 현대적인 건물들 사이사이 보이는 빛바랜 건물들. 프랜차이즈가 아닌 고유의 특성을 가진 음식점과 카페들은 저마다의 매력과 자유로운 분위기를 가지고 있다. 일상에 지친 이들을 위로하기에 충분한 오래된 풍경이다.

세관박물관, 40계단 테마거리,
백산기념관, 부산근대역사관,
용두산공원, 자갈치시장,
영도다리로 이어지는 코스는
개항기부터 일제강점기까지,
부산의 근대를 체험하는 여행이다.

- 유승훈, 역사민속학자, <부산-여행자를 위한 도시 인문학>

영도다리에서 만나는 북항과 남항

해 질 녘 즈음 원도심 주변을 천천히 산책하며, 맥주 한 캔을 사 들고 영도다리로 가 보자. 일상적인 퇴근 시간의 영도다리 위에서, 양옆으로 펼쳐진 북항과 남항의 야경을 바라보며 마시는 맥주 한 잔은 여행자의 특권. 멀리 근대의 시간이 녹아든 산복도로와 남항의 바다 위로 노을이 지는 모습을 볼 수 있다면 완벽한 저녁이 될 것이다.

+Plus Good Tip

매일 오후 2시 도개를 하는 영도다리의 모습도 놓치기 아까운 포인트. 영도다리 옆 부산대교도 걸어서 건널 수 있다. 영도다리에서는 남항의 모습을, 부산대교에서는 북항의 모습을 잘 볼 수 있어, 다리를 바꿔서 오고 가는 것을 추천한다.

#영도다리도개 #원도심 #근대역사 #또따또가
#부산대교

낮엔 바다, 밤엔 재즈의 낭만을 즐기다
재즈클럽투어

바다의 파도는
재즈의 음률과 닮아 있다

글 이승헌

부산은 바다와 영화가 주는 낮의 낭만만큼이나 매력적인 것이 요트와 재즈가 주는 밤의 낭만이다. 재즈클럽의 역사인 몽크와 광안리 바다가 보이는 머피스&케네디로즈, 젊은 클러버들 취향인 해운대 겟올라잇, 그리고 고품격 인테리어를 자랑하는 체스154 등이 대표적이다.

📍 스윙하다 | 흥이나다 | 클래식하다

실험문화 태생지, 부산

부산은 지리적으로나 역사적으로 경계적 경향이 강하다. 그래서 새로운 문화가 뒤섞이는 혼종 문화의 산모 역할을 한다. 외래 문화로 여겨지는 재즈도 부산에서는 오랫동안 실험되고 재해석의 과정을 거쳐 또 하나의 문화로 자리 잡아 가고 있다. 어쩌면 바다가 가진 스윙이나 낭만의 코드가 밤으로 옮겨진 것이 재즈가 아닐까 싶기도 하다.

젊은 재즈이스트의 무대, 몽크

부산 재즈의 상징과 같이 자리를 지키고 있는 몽크. 1992년부터 시작되었다고 하니 클럽의 할아버지격이다. 하지만 공연자들은 모두 젊다. 각자의 흥에 취한 연주자들이 만들어내는 재즈 선율은 무대를 꽉 채우고, 어둑한 객석의 관객들 가슴 가슴에 파고든다. 중층의 룸에서 내려다보는 무대는 또 다른 감흥이 있다.

프리미엄 재즈클럽, 체스154

마린시티 초입에 위치한 체스154는 요트투어를 하고 난 저녁 시간 즈음 이용하는 것이 제격이다. 이름대로 체스를 디자인의 기본 모티브로 하여 인테리어와 소품을 활용한 정통 재즈클럽이다. 매일 기본 연주 공연과 보컬이 있는 공연이 무대에서 펼쳐진다. 취향이나 그날의 분위기에 따라 바 테이블이나 홀 테이블, 룸 테이블을 이용하여 라이브 음악을 즐길 수 있다. 맛집으로 지목될 정도의 훌륭한 요리와 함께, 서빙하는 직원들의 용모가 단정하기로도 유명하다.

+Plus Good Tip

재즈 공연을 무려 140회째 매달 진행하고 있는 행사가 있다. 공연기획자인 구현욱(무대공감 대표)이 이끌고 있는 '재즈 와인에 빠지다'. 공연장을 빌리고, 국내외 뮤지션을 섭외하여 매회 큰 호응을 받고 있다. 공연카페로 운영하고 있는 스페이스움(대표 김은숙) 역시 재즈 공연 및 하우스음악을 벌써 350회 이상 기획했다. 이 곳을 거쳐가지 않은 아티스트가 없을 정도다. 알게 모르게 부산의 문화 파수꾼들이 활동하고 있으며, 문화 사랑방이 곳곳에 숨어 있다.

#몽크 #머피스&케네디로즈 #재즈 #와인에_빠지다
#스페이스움

049

눈부시게, 가볍게, 짜릿하게
부산 도심낚시

인근 바닷가에서 야경을 즐기며
낚싯대 하나로 짜릿한 손맛을 느껴보자

글 이정임

부산은 어디서든 30분 거리면 방파제, 갯바위, 항구, 해수욕장 등의 낚시 포인트에 다다를 수 있다. 거창한 장비는 갖추지 않아도 된다. 간단한 채비와 미끼 한 통, 단출한 간식을 들고 눈부신 야경과 전갱이를 만나러 가자.

📍 반짝이다 | 짜릿하다 | 비릿하다

바다가 보인다면 바로 그곳이 낚시 포인트

영도, 남항, 북항, 송도, 해운대, 송정, 오류도, 다대포 등등. 부산은 바다가 보이는 곳이면 어디든 낚시 포인트다. 가까운 바다에 가서 도심낚시를 즐겨보자. 도심 낚시의 핵심은 단출한 채비와 가벼운 간식이다. 가장 먼저 다짐해야 할 사항, 고기를 잡아 회를 떠 먹겠다는 생각은 버릴 것. 준비할 게 많아지고 일반인이 직접 회를 뜨면 맛있지 않다. 회는 횟집에서 먹어야 제일 맛나다. 눈부신 부산의 야경을 감상하며 낚싯대 하나로 넓은 바다와 연결되는 비릿하고 짜릿한 손맛만 경험하자.

별빛을 낚거나, 물고기를 낚거나

부산 도심 밤바다 낚시를 통해 전갱이와의 짜릿한 하이파이브를 경험하고 덤으로 눈부신 야경도 만끽하고 싶다면, 영도의 방파제나 송도의 혈청소로 가보시라. 파도가 높거나 비가 내려도 비교적 안전하고 대중교통으로 접근하기도 수월하다.

오늘의 낚시 포인트는 영도. 해가 어스름하게 넘어가면 장대 하나 달랑 들고 '영도신 방파제'로 향한다. 방파제 왼편으로는 선박회사의 거대한 크레인들이 북항을 지키고 서 있다. 먼저 온 단골 조사들을 피해 멀리 조도를 바라보며 자리를 잡는다. 외바늘 직결 채비에 통통한 크릴새우를 끼워 바다로 던진다. 비릿한 바람 따라 벌겋게 해가 넘어가면 북항 너머 도시 전체가 은하수처럼 빛난다. 그 빛 따라 여기저기서 캐미라이트가 반짝인다. 장대 끝을 잡고 검은 덩어리로 울렁이는 밤바다를 노려보고 있으면 이내 캐미라이트가 어둠 속으로 쑥 빨려 들어간다. 낚싯대를 낚아채면 우두둑 줄을 당기는 짜릿한 손맛이 아드레날린을 분출시킨다. 실랑이 끝에 손바닥만 한 전갱이가 물 위로 떠오른다. 조심스럽게 바늘을 빼고 집으로 돌아가라며 놓아준다.

별빛을 낚거나, 물고기를 낚거나, 손맛을 느꼈다면 당신은 도시어부가 되었다는 뜻이다.

+ Plus Good Tip

전갱이 낚시는 누구나 쉽게 할 수 있다. 거의 사철 내내 부산의 모든 바다에서 가능하고 채비도 간단하다. 관광객이라 채비가 없어도 걱정 없다. 근처 낚시점에 가면 저렴하게 세팅된 채비를 판다. 무뚝뚝해 보이는 사장님일지라도 부탁하면 낚시 방법까지 자세히 알려준다. 낮보다는 저녁에 전갱이의 씨알이 굵다. 더 큰 손맛을 원하면 밤낚시가 좋다. 단 명심할 점! 방파제든 갯바위든 발판이 넓고 안전한 곳에서 낚시하는 게 중요하다. 플래시도 필수다. 낚시는 즐겨야 즐겁다. '잡아야 한다'는 욕심이 앞서면 힘들어지고, 힘들면 슬퍼지기 십상이다.

#장대_낚시 #부산방파제_낚시 #부산 #밤바
#전갱이_낚시 #남항대교 #북항대교 #송도 #혈청소

050

도심 속 너른 초원
부산시민공원

내 땅 위를 누비는 자유!
도심 속 공원에서 달리기의 상쾌함 즐기기

글 이정임

일제강점기에는 경마장으로, 광복 이후에는 미군의 주둔지로 100년간 빼앗긴 땅이었던 부산시민공원은 도심에서 보기 드문 넓은 평지를 자랑한다. 파란만장한 역사를 뒤로 하고 푸른 초원 위를 막힘없이 신나게 질주하며 기분 좋은 땀을 흘릴 수 있는 곳이다.

📍 자유롭다 | 상쾌하다 | 다채롭다 | 신난다

100년 동안 남의 땅

우리나라에 있지만 우리나라 사람은 권리를 주장하기 힘든 땅이었다. 하야리아 미군부대가 있던 이 자리는 산이 많은 부산에서 보기 드문 평지다. 일제강점기의 자본은 이곳을 경마장으로 바꿨다. 말들이 달리던 트랙은 곧 전쟁을 위한 군사시설로, 광복 후 미군의 주둔지로 변화했다. 1910년부터 약 100년 동안 '남의 땅'이었던 셈이다.

우리 땅에서 힘껏 뜀뛰는 자유를 누리다

미군이 철수하고 부산시에 반환되어 '우리 땅'이 된 이곳에 들어서면 도심 속 한가운데 가슴이 확 트이는 잔디공원과 여러 갈래의 길이 있다. 산책, 운동, 소풍 등 여러 목적을 위해 오겠지만 기왕이면 러닝을 추천한다. 땀이 날 때까지 달려보자. 남의 땅에서 정해놓은 트랙 위를 말이 달리던 곳이 아니라 우리의 땅에서 자유로운 초원 위를 나와 아이들이 뛰는 곳으로 바꿔보자.

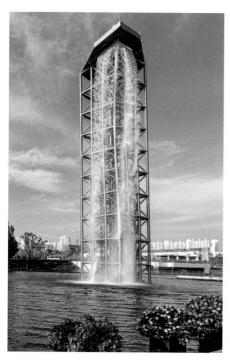

테마를 고르는 재미

꼭 뛰어야만 하는 것은 아니다. 기억의 숲길, 자연의 숲길, 참여의 숲길, 문화의 숲길, 즐거움의 숲길 등 다채로운 테마를 지녔으니 자신에게 맞는 산책 코스를 골라서 걷는 재미도 누릴 수 있다. 공원이 지닌 역사탐구를 테마로 삼아 기억의 숲길 걷기를 추천한다. 경마장 트랙을 살린 말굽거리, 마권판매소를 리모델링한 공원역사관을 비롯해 퀸셋막사, 기억의 기둥 등 미군부대 시절 시설물을 일부 남겼으니 찾아보자. 음악분수와 물놀이시설(여름), 3D 어린이 영화관, 문화예술촌 등 즐길 수 있는 것은 무궁무진하다.

+Plus Good Tip

증강현실 모바일 스탬프투어('스탬프 팝' 애플리케이션을 이용해 시민공원 주요 명소를 이동하며 숨겨진 스탬프를 스마트폰 카메라로 찾아 획득하는 방식)를 진행 중이니 도전해보는 것도 소소한 재미가 될 것이다.

• 1년 365일 05:00~24:00 운영. 무료개방.
  (단, 실내·외 대관시설물 및 주차장은 유료로 이용.)

#러닝 #잔디광장 #말굽거리 #경마장 #하야리아
#100년

Part.4 | 인문과 사유의 공간,
부산의 온기를 느끼다

침묵의 정중동
이우환 공간

침묵과 고요 가운데서 생각을 멈추기
마음이 헝클어질 때 가볼 만한 곳

글 김수우

부산시립미술관 별관에 자리한 이 공간은 세계적인 미학자인 이우환의 작품과 그 깊은 사유를 품고 있다. 작가 본인이 직접 설계하고 디자인한 건축 자체가 거대한 울림을 가진 하나의 예술품으로 우리를 감응시킨다.

📍 깊숙하다 | 고요하다 | 무한하다 | 마음을 멈춘다

잘 보고 갑니다. 선생님.
저도 '바람'을 좋아합니다.

- BTS 리더 RM(2019. 6. 13)

보이지 않는
울림으로 가득한 곳

일본 나오시마에 이은 세계 두 번째의 이우환 개인미술관이며 선생 본인이 직접 입지 선정부터 건축 기본설계와 디자인을 했다. 이우환 공간은 일반 전시관과 달리 건물 자체가 하나의 작품으로, 공간과 작품이 함께 광막한 울림을 만들고 있다. 조금만 서 있으면 아득한 우주 속에 서 있는 존재감이 밀려온다.

관계의 현상학을 보여주는
돌과 나무, 철판들

전면 유리와 콘크리트가 둘러싼 직육면체 건물 1층에는 〈관계항-좁은문〉, 〈물(物)과 언어〉 등 8점의 작품이, 2층에는 작가의 대표적 회화작품인 〈선에서〉, 〈점에서〉, 〈바람과 함께〉 등 점과 선의 작품 13점이 야외에 설치된 조각 작품들과 어우러져 있다. 돌과 철판을 결합한 입체작업은 사물의 물질적 특성이나 존재감을 강조하면서 1970년대 한국 현대미술의 전개에 많은 영향을 주었다.

품격과 평온, 텐션과 밸런스에 빠져보자

마음 작용을 멈추고 관계들이 어떻게 조응하는지 세밀히 관찰하면 품격과 평온, 텐션과 밸런스를 가진 사물의 대화를 들을 수 있다. 여러 요소가 모여서 서로 공존함으로써 관계가 발생되고, 바로 이러한 관계 속에서 표현이 생성된다. 이우환 작가의 '절제적'인 차원은, '윤리적'이라는 관계론적 의미와 연결되고, '숭고성' 혹은 '영원성'이라는 미적, 초월적 세계로 우리를 인도한다. 무한의 기다림이 몸에 배여든다.

+ Plus Good Tip

묵언으로 대화해보자. 흔들리지 않는 것을 통해서 흔들림을 감지하는 명상의 세계는 현대문명에 지친 존재들에게 무한을 드러낸다. 내 마음의 소리와 우주의 음성이 어떻게 이어지는지 감지할 때까지 오래 한 자리에 머무는 것이 중요하다. 바로 이웃에 시립미술관이 있고, 벡스코와 영화의 전당 등 부산의 명소들이 주변에 펼쳐져 있다. 조금 걸으면 고은 사진미술관과 수영요트장 등에도 가볼 수 있다.

#이우환 #부산시립미술관 #관계항 #현대미술

052

일상의 일탈
영화의 뿌리를 찾아서

부산 최초의 극장터 행좌에서
BIFF광장까지 남포동 골목 산책하기

글 김수우

부산은 전국에서 가장 먼저 극장문화를 시작하고 꽃을 피운 곳이다. 일제강점기에는 22개의 극장이 있을 정도였다. 개항에서부터 광복을 맞기까지 부산의 극장문화는 한국의 대중문화를 이끌어온 중요한 축이었다.

📍 유쾌하다 ｜ 활기차다 ｜ 감성적이다

부산 최초의 극장 행좌 터

초기 부산의 극장에서는 신문화와 함께 들어온 활동사진이 상영되었고, 무성영화와 유성영화 시대를 거쳤다. 부산 최초의 극장은 1903년 중구 남포동 2가 45-1에 문을 연 행좌였다. 그 터인 할매회국수집 앞에는 그 표지석이 있다. 같은 해에 송정좌, 이듬해 부산좌가 개관되고, 1914년 욱관이 연극공연장에서 본격적인 활동사진 영화관으로 출발하였고, 보래관(문화극장)과 행관, 1916년 상생관(시민관) 등이 그 뒤를 따랐다.

한국 영화제작의 효시
조선키네마주식회사와
BIFF광장의 모태들

복병산에서 동쪽으로 조금 내려오면 1924년 우리나라 영화제작의 효시인 조선키네마주식회사 터가 있다. 빈터만 남았을 뿐이지만, 부산이 영화의 도시로 우뚝 자리 잡은 것을 생각하면, 그 첫 걸음이 더 중요하게 다가온다. 이후 점차적으로 부산은 영화문화의 선도적인 역할을 하게 된다. 1930년에 소화관(동아극장)과 1934년 부산극장이 차례로 개관, 남포동 극장가를 형성하면서 지금 BIFF광장의 모태가 되었다. 용두산 아래 영화체험박물관에서는 영화의 역사를 더 흥미롭게 만날 수 있다.

> "부산은 시간적으로 과거와 현재,
> 공간적으로 산과 바다를 가진,
> 영화 촬영의 모든 조건을
> 두루 갖춘 도시다."
>
> 홍영철. 한국영화사 연구가

영화의 물결, 해운대에 이르다

우동에 있는 부산영화촬영스튜디오는 국내에서 단일 규모로는 최상의 사운드 스테이지를 보유하고 있으며, 완벽한 방·차음과 특수촬영시설 등 각종 부대시설을 고루 갖추고 있다. 그 건물 2층에 있는 1999년 한국 최초로 설립된 부산영상위원회는 영화산업박람회 개최, 부산아시아영화학교 운영 등 다양한 각도로 부산 영화의 미래를 도모하고 있다.

+ Plus Good Tip

행좌 터에 자리 잡은 할매회국수집에 들렀다가 남포동 골목을 걸어 부산극장 앞에서 씨앗호떡을 사 먹고, 국제시장과 복병산 기슭을 가로질러 조선키네마주식회사에 이르는 길은 부산 영화의 역사를 엿보는 산책이 될 것이다. 또는 BIFF광장을 끼고 어느 방향으로 걸어도 자갈치시장, 국제시장, 부평시장, 용두산공원 등이 옛 정서를 안고 열려 있다. 남포동 BIFF광장이나 해운대 영화의 거리에서는 영화사에 길이 남을 영화인들의 핸드 프린팅을 만날 수 있다.

#행좌 #BIFF광장 #조선키네마
#영화체험박물관 #부산영화촬영스튜디오

053

와이어 구조가 만든 공간 볼륨
키스와이어센터

딱딱한 콘크리트 벽면의 차가움을 뚫고
음악이 되고 꽃이 되어 나온 따뜻한 감성을 만난다

글 이승헌

땅에서 천정으로 이어져 있는 특이한 와이어 구조가 만들어내는 공간미에 일차 감동한다. 더 신기한 것은 초록과 물과 빛과 바람과 만나면서 콘크리트 벽면이 따뜻하게 느껴진다는 사실이다. 오버스케일 볼륨의 전시공간이 주는 즐거움은 덤이다.

📍 강직하다 | 따스하다 | 스며들다

와이어로 만든 신식 구조물

신기하게도 교량에나 적용할 법한 와이어를 이 건물의 외벽에서 볼 수 있다. 콘크리트를 뚫고 나온 와이어들이 곧장 사선으로 내려와 땅에 꽂힌다. 마치 텐트 칠 때 폴대를 땅에 박는 것과 비슷하다. 건물 안으로 연결되어 있는 와이어들을 따라가다 보니 전시장의 천정 아랫면으로 모두 지나가게 되어 있다. 진짜 텐트와 같은 원리다. 그로 인해 전시장에는 기둥이 하나도 없이 광활한 공간(무주공간)이 만들어졌다. 국내외 어디에도 없던 와이어 구조방식이 만든 공간 볼륨이 탄생한 것이다.

피아노 선율과 함께 공중 부양 경험

전시공간의 가운데는 전자 피아노가 한 대 놓여 있다. 아름다운 선율을 만들어내는 피아노에도 와이어들이 내장되어 있음을 보여준다. 흥겨운 연주곡을 들으면서, 피아노를 감싸고 있는 공중 브릿지를 따라 올라가 보자. 타원의 경사로를 두어 바퀴 크게 돌아 오른다. 출렁다리처럼 약간의 울렁임이 있다. 그 길을 따라 건물 외부로 나가면 넓게 펼쳐진 연못 위로 브릿지가 20m 더 이어진다. 신선한 경험이다.

따스함이 묻어나는 콘크리트

노출콘크리트로 마감되어 있는 이 건물의 곳곳에서 따뜻함의 정서를 느낄 수 있다. 콘크리트는 하나의 그릇일 뿐, 그 안에 담으려 한 것은 자연과 주변의 경관이다. 자작한 물을 담아놓은 공간들과 콘크리트 프레임 위로 보이는 파란 하늘, 벽을 따라 자라 오르는 담쟁이, 창 너머로 보이는 이웃한 환경의 모습이 상쾌한 기운을 전해준다.

+ Plus Good Tip

한 가지 더 흥미로운 경험이 있다. 전시장의 콘크리트 벽면 아래쪽으로 긴 창이 뚫려 있다. 그 너머로 바깥의 연못이 보인다. 뷰 자체가 상당히 시적이다. 여기에 비라도 오는 날이면 리드미컬하게 번지는 물의 파장들이 마음을 울린다. 그냥 왔다가 시인이 되어서 돌아갈 수 있다.

사색적이고 따뜻한 감성을 뭔가 더 짙게 농익히고 싶다면, 고려제강의 폐공장을 리모델링하여 조성한 F1963에서 전시나 공연을 보거나, 독서나 산책의 여유를 즐기거나 혹은 커피, 막걸리, 호프 중한 잔을 선택하는 것도 좋다. 본인에게 가장 어울리는 것으로 꽤 그럴싸해 보이는 반나절을 보낼 수 있다.

#기념관 #고려제강 #와이어구조 #무주공간
#F1963

054

을숙도를 품고 있는
부산현대미술관

미술관을 가로질러
을숙도 생태공원까지 산책하기

글 김수우

칠백 리를 흘러온 낙동강이 도착하는 자리에서 세계의 미술을 품어내는 부산현대미술관. 2018년 개관한, 동시대 미술을 중심으로 하는 '현대'미술관이다. '자연·뉴미디어·인간'이라는 새로운 상상력으로 지역과 예술 그리고 세계와 미래를 연결한다.

📍 창의적이다 ㅣ 도전적이다 ㅣ 고즈넉하다

자연과 미술은 어떻게 여울지는가

동시대 미술과 새로운 담론을 생산하는 이 미술관에서 제일 먼저 만날 수 있는 것은 을숙도의 여유로운 풍경이다. 봄 여름 가을 겨울, 사계절이 미술관을 다양한 세계로 이끌어준다. 일상과 예술의 관계를 살피면서 자연과 예술과 사람이 서로를 잉태하는 상호 긍정적인 세계임을 제시하고 있다.

수직정원을 만나다

철새 도래지면서 생태공원인 을숙도에 걸맞게 미술관 외벽에 식물들을 식재해놨다. 그 자체가 예술인데, 프랑스 식물학자이자 아티스트인 패트릭 블랑(Patrick Blanc)의 수직정원 작품이다. 식물 생태를 연구하여 상호 자생이 가능한 식물을 연결해 배치한 이 정원은 국내 자생종 175종이 식재되어 새로운 감성을 선물한다.

공존의 테마들에 접근하자

첨단의 현대미술과 자연, 어린이 예술도서관 등 모두 공존의 테마를 보여준다. 동시대의 미술을 중심으로 뉴미디어 아트를 포함, 미술의 새로운 경향을 소개하고, 미술관의 지리적 환경과도 밀접한 자연과 생태를 중요한 주제로 다루고 있다. 미래지향적인 예술교육프로그램, 국제 네트워크 협력, 동시대 미술 작품 수집 등 흥미로운 실험의 장을 만날 수 있다. 부산 비엔날레 전용관으로도 사용된다.

"2018년
부산 10대 히트 상품 1위!
부산현대미술관"

- 부산연구원. 2018 부산 10대 히트 상품

어린이 예술도서관에서 놀자

지하 1층에 있는 어린이 예술도서관은 을
숙도 갈대숲을 모티프로 조성되었다. 책과
예술작품을 매개로 하는 새로운 독서환경
이 매우 흥미롭다. MoCA 가족극장, 주말
가족프로그램, 아트트랙 등 창의적 활동을
통해 함께 삶의 문제들을 마주하고 가치를
탐색해나가는 시간을 만들고 있다.

+Plus Good Tip

미술관 밖으로 나가면 다채롭게 펼쳐진 을숙도 생
태공원으로 곧장 걸어 들어갈 수가 있다. 5분 정도
걸으면 낙동강변에 이르게 된다. 길에서 자전거를
타는 시민들과 괜히 친한 느낌도 드는 공간. 김해
공항에 도착하는 비행기가 머리 위로 낮게 내린다.
비행기의 폭음과 공원의 고요가 공존의 테마 속에
서 저절로 일탈의 하루를 즐기게 된다. 바로 인근
에 을숙도 문화회관, 에코 센터 등이 있다.

#현대미술 #을숙도 #낙동강 #수직정원 #예술도서관

055

거대 지붕 아래, 축제의 장을 펼치는
영화의 전당

마치 스타인 양 구름다리를 건너며
손 흔들어보기

글 이승헌

거대한 천장 구조물 아래에서 부산국제영화제는 물론 각종 이벤트 행사가 수시로 벌어진다. 4만여 LED빛은 야간에 화려한 조명쇼를 펼친다. 곁에 있는 공원과 수영강, 백화점과 더욱 긴밀히 연결된다면 도시민의 멀티 놀이 광장으로 자리매김하게 될 것이다.

⭐ 거대하다 | 재미지다 | 으쓱하다

축제의 장을 위한 거대 지붕

영화의 전당은 거대 지붕을 두 개씩이나 가지고 있다. '빅 루프'와 '스몰 루프'라 하여 길이가 무려 162.5m와 120m이다. 지붕의 아랫면은 굴곡지게 휘어져 있고, 4만여 개의 LED 조명이 만드는 다양한 패턴 이미지들이 춤춘다. 그 아래에 있다 보면, 이 것은 운동회날 하늘에 나부끼는 만국기와 흡사하다는 생각이 든다. 바람에 펄럭이는 듯한 조명 연출은 축제의 장을 더욱 들뜨게 한다.

세계적 스타와 작품을 만나는 즐거움

이 거대한 축제의 광장에서 해마다 부산국제영화제의 개폐막식이 열리고 있다. 세계적인 이벤트 행사에는 국내외 스타들이 모이고, 완성도 있는 작품들이 소개되고 있다. 개막식 전날의 리허설을 구경하는 것도 쏠쏠한 재미다. 가을 저녁 야외극장에서 무릎담요 덮고 보는 영화도 잊을 수 없는 추억으로 남는다. 영화인들의 숙소 부근 식당에서 스타들과 우연인 듯 만나게 되는 해프닝도 영화제 기간에 얻는 득템 중 하나다.

스카이브릿지에서 스타 되어보기

거대한 천정에 매달린 스카이브릿지가 있
다. 지면에서 출발하여 더블콘을 휘감아
돌아서 빅 루프 아래를 관통하여 시네마운
틴(영화관) 2층으로 바로 연결되는 길이다.
축제의 흥겨움을 고조시키기 위한 장치로
만들어진 게 아닌가 추측된다. 영화제 때
스타들이 손 흔들며 지나가면 매우 흥미
로울 듯 하나, 여지껏 한 번도 활용된 바는
없다. 이 가성비 떨어지는 시설을 우리라
도 애용하자. 긴 공중길을 걸으면서 아래
쪽을 보고 손 흔들면서 지나가는 즐거움을
시도해보자. 마치 스타인 양.

영화제 기간이 아니라 하더라도, 이 광장에서는 일
년 내내 다양한 이벤트 행사가 벌어지고 있다. 먹
거리행사, 체험행사, 나눔행사, 발표행사 등 어떤
해프닝이 일어나더라도 다 담아낸다. 지금까지 본
것 중 가장 인상적이었던 행사는 초크아트페스티
벌이었다. 짙은 회색 현무암으로 마감되어 있는 광
장 바닥과 건물의 벽면에 초크(분필 같은 것)로 온통
그림을 그리는 것. 아이들은 상상의 나래를 펼쳐
그림도, 낙서도, 글자도 마음껏 휘갈겨 그린다. 그
래피티와 같이 제법 정성들여 그린 이미지는 매우
인상적이었다. 행사가 끝나면 물로 대청소를 하여
금방 말끔히 씻어낸다.

#빅루프 #기네스북 #초크아트페스티벌
#부산국제영화제

056

시네마-피플-테크
모퉁이극장

타인의
인생영화 톱10 목록 엿보기

글 송교성

모퉁이극장은 지난 10년 동안 늘 '영화의 관객들'을 기다리고 응원해왔다. 중앙동 40계단 근처, 오래된 계단이 반겨주는 공간에는 영화 도시 부산의 저력을 만들고 지켜온 이들이 있다. 영화에 대해 깊은 애정을 가진 시민들로부터 전해지는 따뜻하고 소중한 응원의 연대로 영화의 미래를 만나보자.

⭐ 힘이 난다 | 용기를 얻다 | 이색적이다

영화의 관객들을 기다리는 곳

영화 도시 부산을 진정으로 즐기는 방법의 하나는 모퉁이극장을 만나보는 일이다. 원도심 중앙동 40계단 앞 모퉁이 건물 4층 공간에 극장이 있다. 입구를 찾기 어려워도 들어서기만 하면 복도에 다양한 관객 커뮤니티들이 선정한 각양각색의 영화상영작 포스터들이 시선을 끈다. 에른스트 루비치(Ernst Lubitsch) 감독의 영화 〈모퉁이 가게〉에서 이름을 따왔다는 모퉁이극장은 2012년 개소한 이래 8여 년 동안 늘 '영화의 관객들'을 기다리고, 응원하는 곳이다.

서로를 응원하다

모퉁이극장은 스스로의 정체성을 이렇게 밝히고 있다. "영화를 상영, 기록, 복원하는 시네마테크와 달리, 관객들의 목소리를 상영, 기록, 복원하는 것을 목표로 하는 '시네마-피플-테크'입니다." 영화를 향유할 수 있는 기반은 관객들의 자리로부터 만들어진다는 취지에서, 서로를 응원하기 위한 관객들의 모임을 꾸준히 이어온 곳이 바로 모퉁이극장이다. 영화 도시 부산의 저력을 만들고 지켜온 작은 영웅들이다.

아담하고 따뜻한 환대

모퉁이극장은 크지 않아서 더 친근하게 느껴지는 커뮤니티 공간과 상영관으로 이루어져 있다. 커뮤니티 공간은 관객 토크 등 밀도 있는 행사를 하기 적합한 장소다. 또한, 영화 관련 서적이나 영화제 카탈로그, 영화잡지와 방문 관객들의 인생 영화 톱10 목록들을 도서관처럼 소장하고 있다. 영화에 대해 깊은 애정을 가진 이들이 아담하고 따뜻하게 관객을 환대하는 공간이다.

+Plus Good Tip

모퉁이극장 홈페이지는 https//blog.naver.com/cornertheate이다. 홈페이지에 지속해서 행사가 소개되고 있으니 여행 전에 확인해서 관객문화교실, 관객영화제, 관객들의 밤 등에 참여해보는 것도 좋겠다. 또한 2020년부터 인근 중구 신창동 BNK부산은행아트시네마 운영으로 관객과의 교류 폭을 더 넓혀나가고 있다.

#영화 #관객 #또따또가 #모퉁이 #커뮤니티시네마

057

문학의 소명의식을 보여주는
요산문학관

요산이 손수 만든 낱말 카드와 식물도감, 육필 원고 등을 보며
사람답게 살아갈 것을 당부받다

글 김수우

'사람답게 살아가라'는 말씀으로 문학적 소명을 실천한 요산 김정한 소설가의 문학관. 전통 한옥인 남산동 생가가 나란히 있다. 민족사의 질곡을 민중정신으로 견뎌낸 요산의 정신과 양심을 만나는 지점이다.

📍 푸근하다 | 생각이 깊어진다 | 호젓하다

부산 인문정신의
따뜻한 요람

1908년 동래에서 태어난 요산 김정한은 1936년 조선일보에 단편 〈사하촌〉으로 등단했으며 한국문학사에서 치열하게 농촌 사회의 현실을 투시한 작가로 손꼽힌다. 요산문학관은 김정한의 숭고한 문학정신과 민족정신을 밝히면서 시민의 인문정신을 길러내고 있다. 요산문학관은 지역문화의 요람이 된 이주홍문학관, 추리문학관과 함께 부산의 3대 문학관으로 일컬어진다.

소박하지만 기품 있는 건축,
그리고 마당 거닐기

소박함과 고결함이 돋보이는 이 건축은 요산문학의 질박함과 역동성을 잘 담고 있다. 기울어진 벽면과 유리벽은 생가 한옥의 처마 선을 닮아 있고, 골목과도 조화를 이루면서 다양한 변화를 보여준다. 그다지 크지 않아도 마당은 봄 여름 가을 겨울의 풍경을 그대로 담아내고 있어, 잠시 들러도 마음의 서정을 충분히 길어올 수 있다. 도심 속이지만 어느 결에 마음이 정갈해진다.

"사람이 되라고
사람답게 살라고

천천히 흐르는 저 흰구름
나의 생가
그리고 당신의 생가 …"
- 노준옥 〈요산생가에서〉 중에서

생가 마루에 앉아
요산의 목소리에 귀 기울이기

기념관 앞에 있는 한국 전통한옥인 요산 생가 기와집 마루에 앉아 "무척 긴 어둠의 날들을 살아온 셈이지만, 밝고 곧은 것에 대한 희망을 포기해본 적이 없다"는 요산의 목소리를 기억해보자. 우리에게 실천적 정신을 물려줄 스승이 있다는 건 얼마나 행복한 일인지 갑자기 하루가 소중해질 것이다.

+Plus Good Tip

2층 전시실에 비치된 요산의 유품과 육필 원고, 손수 만든 낱말 카드와 식물도감 노트 등을 꼼꼼히 훑어보면 작가의 열정이 고스란히 감지된다. 사람을 감동시킨다는 것이 무엇인지를 알 수 있다. 지역주민과 함께하는 인문학교실, 창작동아리 및 필사모임, 독서토론모임에 참석할 수 있다. 그 외 요산문학축전에 마련되는 요산문학기행과 청소년 시민 백일장, 소설낭독대회 등도 매우 흥미롭다.

#문학관 #요산 #필사모임 #요산문학축전

058

60m 스테인드글라스 빛이 투영되는
남천성당

사선 유리창에 스며드는 스테인드글라스의
숭고한 빛그림자에 매료되다

글 이승헌

직삼각형의 공간 속에 경사면으로 스며드는 스테인드글라스의 빛은 종교적 거룩을 너머 황홀경을 선사한다. 반대쪽 벽면에는 울긋불긋한 빛그림자가 반영되어 있고, 넓은 바닥에도 시간따라 천연색이 움직이고 있다. 이보다 아름다운 광경이 또 있을까 싶다.

🔖 숭고하다 | 차분하다 | 황홀하다

천상의 그림이었다.

빛의 향연을 사진에 담다

그 날의 충격적 장면을 잊지 못해 성당을 다시 찾아갔다. 예배당 키 큰 목재문을 열고 들어서니 어둑한 공간 속에서 몇몇 기도드리는 분들이 있었다. 기도에 방해되지 않도록 아주 조용히 사진을 담았다. 전체 면을 앵글에 잡기 위해 장의자에 누워서도 찍었다. 삼위일체를 상징하는 세 개의 큰 원이 포착되었다. 그 안에 여러 가지 크고 작은 형상들은 인간을 향한 창조주의 메시지인 듯해 보인다. 빛이 주는 숭고미에 나도 더불어 기도를 올리고 빠져나왔다.

천상의 그림 같던 결혼식

결혼식에 초청되어 성당을 처음 방문했었다. 서울대 입구처럼 생기기도 하고, 직삼각형의 외형이 주는 느낌 때문에 늘 궁금했던 곳이다. 전면 제단을 배경으로 식은 차분히 거행되었다. 경사면은 끝에서 끝까지 전체가 스테인드글라스로 되어 있었고, 다른 반대쪽 벽면은 마치 로마네스크의 실내와 같이 투박한 적벽돌 벽이 지탱하고 있었다.

직삼각형으로 생긴 실내공간도 특이한데, 60m 길이 스테인드글라스를 통해 스며드는 빛그림자는 공간 전체를 황홀하게 연출하고 있었다. 적벽돌 벽에도 울긋불긋 투영되고 바닥에도 흘러넘쳤다. 신부의 흰색 드레스에 수놓은 천연색 빛그림자는 가히

+ Plus Good Tip

성당을 나와 황령산 등산로로 조금만 이동하면 멋진 카페가 하나 있다. 바깥의 모습은 잘 구워낸 식빵의 겉 같고, 내부의 분위기는 노릇한 향과 온기를 품은 식빵의 속 같은 곳이다. 프리젠트라는 카페인데, 말 그대로 선물 같은 장소다. 2층의 창가자리가 가장 인기 있으나, 날씨 좋은 날에는 중정이나 루프탑도 좋은 선택이다. 멀리 광안대교와 바다가 손에 잡힐 듯 펼쳐진다. 1층 뒷마당 노출콘크리트 벽을 배경으로 인생샷을 찍어서 SNS 올리는 이들이 많다.

#스테인드글라스 #로마네스크 #프리젠트 #황령산

로마네스크양식 근대건축물
대한성공회 부산주교좌성당

깊이를 가늠할 수 없는
적벽돌의 두터운 벽 앞에서 시간여행을 하다

글 이승헌

100년이 다 된 로마네스크 양식의 종교 건물 앞에서 숙연함이 느껴진다. 풍상세월(風霜歲月)을 지내며 주변의 갖가지 건물과 전기줄에 에워싸여 있으나, 벽의 강직한 자태와 종탑의 숭앙한 기원은 땅과 하늘을 수직으로 잇고 있다.

📍 강직하다 | 오래되다 | 묘하다

건축사적 가치

부산에 있는 유일의 로마네스크양식 건축물이다. 1924년에 축조되었으니 탄생 100년을 앞두고 있다. 역사적 의미로 인해 부산 등록문화재 제573호로도 등록이 되어 있다. 외벽의 돌출된 버트레스(버팀벽)와 내부 제단부의 석재 아치장식, 볼트 천장 전체의 석조 리브 등에서 특히 로마네스크양식을 추종한 것이 눈에 띈다.

과거로의 시간 여행

대청로 큰 길에서는 건물이 전혀 보이질 않는다. 상가 골목 안으로 한 발짝 들어서면 한순간 과거로의 시간여행에 빠져든다. 땅 모양 최대치로 지어댄 주변 건물들로 인해 성당은 몸을 움츠리고 있다. 전봇대에 정신없이 동여 맨 전기줄들로 목이 죄어 오는 듯해 보인다. 종교적 열망이 현실의 욕망 앞에 위축되어 있다. 공간적으로는 누구에게도 마음을 붙이지 못하고 시간적 방황에 빠져 있는 것 같다.

하지만 가까이 다가가서 보면 역사의 굴곡을 이겨낸 긴 세월의 잔 흔적들이 만져진다. 뾰족한 첨탑은 그 어떤 시간에 매여 있지 않아 오히려 먼 미래를 수직으로 향한다. 군데군데 보이는 고딕의 첨두아치는 응결의 시간을 찢고, 시대를 넘나들고 있다. 반짝이는 지붕은 몇 광년을 지나온 빛을 수렴한다. 이 수직 시간여행의 현장에서 시간여행의 묘한 기분에 빠져보자.

+Plus Good Tip

대청로를 사이에 두고 근대의 건축물들이 많이 남아 있다. 역사책에서 배웠던 일제강점기 우리의 식량을 수탈해 갔던 동양척식주식회사가 현재 부산근대역사관으로 이용되고 있다. 1980년대에 미문화원으로 사용되었을 때는 미제축출의 정치적 미명하에 많은 데모의 현장이었다. 근대역사의 질곡을 온몸에 품고 있는 곳이다. 그 바로 옆에 역시 일제강점기에 건립되었던 옛 한국은행 건물이 부산근현대역사박물관으로 옷을 갈아입으려 준비 중이다.

#대청로 #로마네스크 #부산근대역사관
#부산근현대역사박물관 #일제강점기

060

길 속의 책, 책 속의 길
보수동 책방골목

주인과 밀고당기며 흥정해서
특별한 책, 손에 넣기

글 김수우

이 길은 전국에서 유일하게 남은 헌책방 골목이다. 한국전쟁 때 낡은 처마 밑에서 박스를 깔고 시작한 이곳은 70년이라는 시간을 가로지르고 있다. 촘촘히 어깨를 맞댄 책방 안엔 과거에서 도착한 정신들이 미래와 어우러지며 새로운 서정을 만드는 중이다.

📍 정겹다 | 향수적이다 | 어슬렁거리다 | 빽빽하다 | 문득 마주치다

하나 하나의 제목이 하나의 세계이다

미군부대에서 흘러나온 헌 잡지를 비롯, 만화, 소설, 시집, 고서적 등 각종 헌책들을 좌판에 놓는 순간부터 골목길을 만들어왔다. 이 길은 삶이 가장 험곡한데도 책이 희망이던 시절을 보여준다. 독서는 고달픈 현실 속에서도 희망을 만들어내는 힘이었고, 삶과 꿈에 가치를 부여해왔다. 헌책들은 얼마나 오래 나를 기다렸을까.

빽빽한 책들이 만든 심연에 젖는다

결코 산화되지 않은 인간 정신은 책 속에 고스란하다. 좁은 서가들 사이 넘쳐흐르는 누군가의 사유를 공유하는 일은 오래된 지혜를 만나는 방식이기도 하다. 사연이 담긴 헌책들 사이로 새 책도 자리를 만들고, 새로운 문화 콘텐츠들이 반짝반짝 빛내며 들어서고 있다. 극단적인 과학문명의 시대, 책은 이제 우리에게 남은 근원을 향한 제의는 아닐까.

헌책을 뒤지다보면 제법 유명세 있는 작가들의 서명본도 발견할 수 있다. 손때 묻은 갈색 페이지 속에 숨은 작가의 서명은 시대를 초월한 현실로 다가온다.

기억을 회복시키는 헌책 냄새에 빠져보자

오랫동안 인문 분야를 다루어온 대우서점이나 헌책과 커피 냄새가 어우러진 우리글방 등에 들러 스멀스멀 온몸에 묻어나는 헌책 냄새를 맡아보자. 좋아하는 분야의 서가 사이를 서성거리는 것만으로도 존재감을 누릴 수 있다. 낡은 종이 냄새는 뭔가 일상이 지극해지는 근원적 향수를 불러일으키면서 체온 속으로 스며든다.

+ Plus Good Tip

사진만 찍고 가서는 안 된다. 어떤 책이 나를 얼마나 기다려왔는지 발견하는 순간의 환희를 맛보아야 한다. 해마다 10월에 열리는 책방골목축제는 다양한 만남을 열고 있다. 도서 무료교환, 고서 전시회, 책 체험프로그램, 불우이웃돕기 등 행사들이 마련되어 있다. 책방골목 중앙통로에 있는 50년 넘은 즉석 빵집 앞에서 줄 서서 기다려 전통적인 고로케와 찹쌀도넛을 맛보는 것도 하루가 추억으로 남는 순간이다.

#보수동 #헌책 #대우서적 #우리글방
#책방골목문화관

"나는 그들을 보수동 헌책방 골목길에서 처음 만났다
슬프고 아름답고 무섭고 기괴하고 새로운 세계
사람들이 '책'이라고 부르며
어떤 누구의 지배도 속박도 거부하는!"

- 김상미, 〈보수동 헌책방 골목길〉 중에서

061

도심 속의 휴식 공간
문화공감 수정(구 정란각)

차 한 잔에 떠오르는 그리운 이에게
따뜻한 마음을 손편지에 담아보자

글 이정임

문화공감 수정은 1943년 지어진 일본식 목조건물로, 한때 정란각이라는 요릿집이었다. 현재 등록 문화재로 지정받고 찻집으로 운영되고 있다. '빠르게'를 외치는 도시의 속도전에서 잠시 벗어나 빈 티지한 감성에 빠져 느리게 사색하기 좋은 장소다.

📍 빈티지하다 | 그리워하다 | 사색하다

일단 멈춤이 필요한 시간

빠르게 돌아가는 도시의 일상은 스트레스의 연속이다. 멀리 떠나고 싶은데 시간은 허락하지 않을 때, 잠시 멈출 수 있는 공간이 있다. 1943년 지어진 일본식 목조건물 문화공감 수정. 이곳에 들러 '일시정지' 버튼을 누르고 조용히 사색하자.

이국적인 사색의 공간

입구를 들어서면 이국의 정갈한 민박집에 도착한 기분이다. 영화 〈장군의 아들〉의 하야시 집으로 촬영된 이후 여러 영상물의 배경으로 쓰인 공간이다. 최근 〈알쓸신잡 3〉과 가수 아이유의 〈밤편지〉 뮤직비디오 촬영지로 다시 주목받고 있다.

이 공간에 담긴 '일제강점기의 그늘'과 '현재 평균 일일 방문객 수 200명'이라는 기록은 역사의 아이러니다. 편리한 도시를 만들고 그것에 오히려 지쳐 아날로그 감성의 느린 것을 찾아온 것처럼.

다다미 등 일본식 가옥의 특징이 많이 남아있어 난간과 창틀의 모양에서 빈티지한 감성을 느낄 수 있다. 2층에 앉아 창밖의 정원을 내다보면 잠시 사색에 빠져도 좋을 만큼 고요한 세상을 만난다.

당신의 창 가까이 편지를 보내요

고운 편지지 한 장을 챙겨왔다면 차 한 잔 마시며 손 편지를 써보자. 손끝에 그리움을 담아 느리게 한 글자씩 쓰면서 현대의 속도전에서 잠깐 벗어나보는 것이다. 자기 자신에게 보내는 편지도 좋겠다. 손 편지에 꾹꾹 눌러 담아 누군가에게 보내는 일은, 지금은 까마득히 잊었던 것들을 떠올리며 자신을 돌아보는 소중한 경험이 될 것이다.

+Plus Good Tip

현재 문화공감 수정은 부산동구 노인복지관에서 관리·운영하며 어르신들이 만든 쿠키, 차 등을 판매한다. 비대면(키오스크) 방식으로 주문받는다. 주말이나 방문객이 많은 날은 사진촬영을 제한하고 있다. 아이유의 〈밤편지〉 뮤직비디오에 나온 공간을 찾아보는 재미가 쏠쏠하다. 요릿집, 밤편지 모두 '밤'과 관련이 있지만 밤에는 영업하지 않으니 꼭 알아두고 방문하자.

#일본식목조가옥 #등록문화재 #아이유_밤편지
#아날로그 #빈티지 #손편지

062

마음의 흰 여울을 만들다
흰여울길

좁은 골목길 어디쯤에서 하늘을 보면
멀리 떠나는 여행을 꿈꾸게 한다

글 김수우

흰여울길은 예전에 봉래산 기슭에서 바다로 굽이쳐 내리는 물줄기가 마치 흰 눈이 내리는 듯하여
붙은 이름이다. 피란마을로 형성되었지만 지금은 낡은 집들을 재생하면서 꿈이 있는 독창적인 문
화·예술 마을로 거듭났다.

📍 오밀조밀하다 | 훗훗하다 | 자연스럽다 | 아스라하다

미로와 샛길 그리고 꼬막을 닮은 집들

예전에는 제2의 송도라 불리던 흰여울길. 2011년부터 버려진 집을 리모델링하면서 지역예술가의 창작의욕을 북돋우는 이 마을은 세로로 14개의 골목이 있다. 여러 갈래의 샛길이 계단과 함께 미로처럼 얽혀 있다. 피란민의 공간이 얼마나 힘들고 험난했는지를 그대로 보여주는 이곳은 이제 유쾌한 활기로 가득하다.

붉은 고무대야 속 텃밭에 자라는 하루

미닫이 문 앞 골목에는 고무대야 속에 만든 텃밭들이 촘촘하다. 풀성귀가 자라고 정원이 가꾸어진 붉은 대야들이 이색적이다. 바다를 향해 자라고 있는 식물들과 빨랫줄을 따라 걸으면 그야말로 삶이란 얼마나 성실하고 성스러운 것인지를 저절로 깨닫는다. 여기서 바라보는 묘박지와 일몰은 이곳을 한국에서 가장 아름다운 길로 호명하게 한다.

흰여울 사랑방과 흰여울 점빵

사랑방, 일명 무지개방은 마을공동체에서 운영하는 민박집이다. 마을에 찾아오는 손님들에게 소정의 기부금을 받고 쉼터와 잠자리를 공유하고 있다. 기부금은 마을청소, 국밥나눔 등 마을을 위해 사용된다. 마을공동체가 운영하는 작은 가게 흰여울 점빵도 있다. 여행자들의 고단함을 달래줄 커피와 분식을 판매 중이다.

절영해안산책로를 걸어 태종대까지

흰여울길에 5개의 층층계단, 맏머리계단, 꼬막집계단, 무지개계단, 피아노계단, 도돌이계단이 놓여 산책의 묘미를 더한다. 이 마을은 영화 〈변호인〉, 〈범죄와의 전쟁〉, 〈첫사랑 사수 궐기대회〉 등 수많은 작품의 촬영지로도 유명하다. 부산 갈맷길의 3구간인 절영해안산책로는 남항 외항을 끼고 태종대까지 해안길과 산길로 이어져 있다.

+Plus Good **Tip**

묘박지를 바라보고 있노라면 그 풍경을 쉽게 떠날 수가 없다. 어디선가에서 왔고 어디론가 떠날 기선들은 언제나 삶이라는 여정을 환기시키는 힘이 있다. 또 해안산책로를 걸어 태종대까지 가보자. 벼랑을 타고 오르내리는 산책로가 거의 유격대 훈련 수준이지만 부산의 특징을 제대로 맛보는 길이다. 가다가 중리포구 해녀촌에서 해녀가 막 건진 해물을 맛본다면 그야말로 완벽한 하루가 된다.

#흰여울 #묘박지 #봉래산 #피란마을 #변호인
#절영해안로

063

육중한 조선소 철문 안쪽의 비밀
깡깡이예술마을

깡깡이유람선을 타고
남항의 비밀 엿보기

글 송교성

깡깡이예술마을 여행의 완성은 깡깡이유람선을 타는 것이다. 영도 도선의 130년 역사를 관광 콘텐츠로 부활시킨 유람선은 영도다리를 지나 자갈치시장, 충무동의 원양어선들과 냉동창고, 그리고 수리조선소의 모습을 날 것 그대로 생생하게 보여준다.

📍 강력하다 | 웅장하다 | 무궁무진하다

영도다리 너머
깡깡이예술마을

근대수리조선소 1번지로 불리며 최근 영도
여행의 필수코스로 떠오른 깡깡이예술마
을은 영도다리 너머 숨겨진 부산이다. 녹슨
배의 표면을 벗겨내는 망치질 소리에서 유
래하여 깡깡이예술마을이라 불리는 마을
로, 항구도시와 조선업의 원형이 그대로 살
아 있다. 10여 곳의 수리조선소와 200여 개
의 공업사, 선박 부품업체를 지나다 보면
거대한 공장 한가운데에 들어선 기분이다.

항구의 속살을 보여주는
깡깡이유람선은 필수코스

마을은 가급적 해설을 들으며 둘러봐야 깊
이 있게 이해할 수 있다. 주민이 직접 운영
하는 마을박물관과 마을다방, 선박체험관
이 필수코스이다. 무엇보다 유람선을 타야
만 깡깡이예술마을의 여행이 완성된다. 영
도다리가 생기기 전 육지를 오고 가는 교
통수단이었던 영도 도선의 130년 역사를
관광 콘텐츠로 부활시킨 것으로, 영도다리
를 지나 자갈치시장, 충무동의 원양어선들
과 냉동창고를 돌며, 항구의 속살을 보여
준다. 왜 부산이 항구도시라 불리는지를
바로 알 수 있다.

> "깡깡이마을이 도시재생에서 모범적이라고 생각한 건 뭐냐면,
> 마을다방이나 마을안내소 등을 실제로 주민들이 운영하고 있고,
> 어떻게 여성 노동자들이 깡깡이아지매로 살아왔는가를
> 잘 보여주고 있기 때문이에요."

\- 김영하 작가, 〈알쓸신잡3〉 부산 편

바다에서 만나는 마을의 비밀

그리 크지 않은, 항구에서 흔하게 볼 수 있는 통선으로 만들어진 깡깡이유람선은 잔파도의 울렁임까지 그대로 전해준다. 마치 먼 바다로 떠나는 뱃사람이 된 기분이다. 무엇보다 하이라이트는 육중한 철문 안쪽, 비밀스러운 수리조선소의 모습. 아파트만 한 거대한 배들이 육지로 올라와 있는 모습은 그 자체로 장관이다. 배들의 안식처에서, 다시 먼 바다로 출항의 준비를 하는 모습 속에서 항구의 생명력을 느낄 수 있다.

+Plus Good Tip

현재 옛 영도 도선의 선착장이 있던 곳에서 매주 주말이면 유람선을 운항한다. 매주 토·일요일 하루 3회씩 출항하는데, 만 6세 미만은 탑승이 불가하며 신분증이 필요하다. 통합투어도 진행하고 있다. 근대산업유산과 해양문화를 확인할 수 있는 깡깡이예술마을 거리를 마을해설사의 생생한 해설과 함께 걸어보고 마을박물관 관람, 유람선 승선이 포함된 코스이다. 1인 1만 원으로, 홈페이지를 통해 신청할 수 있다.

#깡깡이 #예술마을 #도시재생 #깡깡이유람선
#수리조선소

064

사물의 목소리가 들리는
백년어서원

소외되고 잊혀진 것들에게 의미를 부여해
무용지용(無用之用)을 보여주는 글쓰기 공동체

글 김수우

나무물고기 백 마리가 유영하고 있는 글쓰기 공동체 백년어서원은 부산의 원도심 회복을 위한 인문학을 꿈꾼다. '물고기가 사는 곳에 사람이 삽니다'라는 모토를 가진 백년어서원의 기본정신은 환대이다.

📍 잔잔하다 | 마음이 열린다 | 따뜻하다 | 통한다

우리는 101번째의 물고기이다.

- 안도현 시인

백 마리 물고기의 질문을 들어보자

아궁이 앞에서 불을 때다가 심심해서 땔감을 깎아 만든 물고기들. 이 땔감은 산골 옛집을 헐면서 나온 폐목들이다. 물고기는 문명사에서 생명의 중요한 아이콘이다. 물고기가 된 옛집이 던지는 질문은 무엇일까. 본래를 이해하는 생명적 가치란 무엇일까. 몸통에 새겨진 물고기 이름을 바라보며 관계의 상상력을 끌어내보자.
모서리마다 놓인 사물의 음성이 예사롭지 않게 다가온다.

글쓰기를 통하여 원도심 회복을 꿈꾸다

2009년 봄, 문을 열면서부터 백년어서원은 인문강좌와 독서모임, 그리고 글쓰기모임에 주력해왔다. 모든 공부는 타자라는 방향성을 가지고 환대의 정신을 실현할 때 비로소 살아있는 실력이 된다고 믿는다. 원도심이 회복되어야 부산의 인문학도 시민의 감수성도 회복됨을 강조하며 10여 개의 독서모임과 소모임이 연대하여 움직인다. 함께 고민하고 글쓰는 일을 통해 성찰과 실천의 모티브로 삼고 있다.

환대는 공감의 능력이다

커피도 맛있지만 손수 만든 정성이 깃든 대추차, 생강차 등 건강차들이 유명하다. 환대하는 능력은 이 시대가 잃어버린 헌신을 배우는 가장 좋은 방법이다. 제의에 가까운 지극함이 중요하다. 이러한 의미의 리추얼이 글쓰기와 독서로 이어진다. 이는 성찰로 다시 책으로 엮어진다. 계간지《백년어》를 발행하고 있으며, 내면의 빛을 가지고 있는 개똥(벌레의)철학을 매년 주제별로 접근, 단행본을 발간하고 있다.

+Plus Good Tip

찻잔을 앞에 놓고 잔잔한 마음으로 창가에 앉아 백년어에서 구입한 엽서를 그리운 사람에게 띄우기. 엽서를 쓰면 백년어에서 우편으로 붙여준다. 다양한 각도로 분화된 인문활동에 참여하는 것도 좋은 체험이다. 주변에 있는 싸고 맛있는 맛집들은 일부러 찾아가 볼 만하고 손바느질 공예가 돋보이는 좋은 찻집 등 소소하게 빛나는 공간들이 숨어 있다. 길 하나 건너면 백산기념관을 찾아가 부산의 정신사 엿보기, 한성1918 찾아가 근대건조물 살펴보기도 좋다.

#인문학 #글쓰기 공동체 #또따또가 #비서구문학
#김수우 #나무물고기

065

유일한 추리전문도서관
김성종 추리문학관

진기한 사진들을 통해
세계적 문호들의 미스터리 엿보기

글 김수우

해운대 달맞이길 주택가에 있는 세계에서 유일한 추리문학관. 한국뿐만 아니라 세계 추리문학계의 살아 있는 역사가 생생하게 펼쳐진다. 탁월한 추리문학의 일가를 이룬 김성종 소설가를 만날 수 있는 곳이다.

📍 흥미롭다 | 상상력이 커진다 | 이색적이다 | 넉넉하다

사립전문도서관의
힘을 느낄 수 있다

추리문학관은 《여명의 눈동자》의 작가 김성종이 1992년 추리문학의 발전과 활성화를 위해 설립한 추리문학 전문 도서전시관이다. 국내외 추리문학서를 한자리에 모아놓았을 뿐 아니라 일반도서까지 다수 비치해 다양한 상상력의 세계가 마련되어 있다. 북카페와 열람실이 겸비되어 있는 매우 상징적인 공간이다.

위대한 문호들의
사진 속 음성에 귀 기울이기

현관문 옆에 붙은 간판 '셜록 홈즈의 집'처럼 비상한 홈즈의 서가도 만날 수 있다. 도스토예프스키와 헤밍웨이, 빅토르 위고, 에밀 졸라 등 보기 힘든 세계적인 문호의 사진 백여 점이 걸려 있다. 문학에 열정을 바친 그들이 바라본 곳은 어디일까. 갑자기 상상력이 강력해진다.

차 한잔과 함께 흥미진진한
추리문학 속으로 여행 떠나기

서가를 서성이는 순간 미스터리의 세계로
초대된다. 모든 사람에게 자유롭게 개방하
고 있는데, 차를 마시면서 5만 권에 가까운
장서 중에서 마음껏 골라 편하게 읽을 수
있는 곳이다. 4층은 김성종 작가의 집필실
이며, 1층 한켠에 김성종 작가가 신문을 읽
는 등 매일 아침 이용하는 작은 책방도 있
다. 구석구석 들여다볼 틈이 많다.

다양한 프로그램에 관심을 가져보자

추리문학관에서는 매년 1월경 배낭여행 형
식의 해외 겨울추리여행을 떠나고 있으며,
일반시민과 문학지망생을 위해 추리소설
은 물론 일반소설 창작을 위한 실기강좌인
추리소설 창작교실을 열고 있다. 이밖에
독서토론마당, 문학강좌 등을 운영하고 있
다. 강연, 세미나, 독서교실 등 각종 문화
행사의 현장으로 이용할 수 있다.

+Plus Good Tip

추리문학관에서 담아온 푸른 바다의 상상력으로
달맞이고개 구석구석에 숨은 갤러리들을 찾아 동
시대 미술을 감상하는 것도 재미있다. 조금 내려
와 달맞이길의 문탠로드를 걸으며 바다전망대와
달맞이 어울마당, 해월정 등을 따라 해안숲길을
산책해본다. 이어지는 청사포 포굿길의 싱싱한 바
다 내음에 삶은 문득 고무줄 튕기듯 원형으로 회
귀할 것이다.

#추리소설 #사립전문도서관 #김성종 #겨울추리여행

066

영혼이 투명해지는
해인글방

해인글방 앞 살구나무 아래서
치유의 서정을 한 벌 입어보라

글 김수우

금련산 자락에 깃든 성소 부산 올리베따노 성 베네딕토 수녀회 본원에는 아주 특별한 공간이 있다. 묵상과 기도로 시를 쓰는 이해인 수녀님의 글방이다. 수도자로서의 삶과 시인으로서의 사색이 고요하게 펼쳐져 있다.

📍 포근하다 | 감동적이다 | 평화롭다 | 겸허하다

도심 속 영성처
올리베따노 성 베네딕도 수녀회

1951년 한국전쟁 당시 초량동에 성분도 자선병원을 열고, 1965년 지금의 광안동으로 자리를 옮긴 베네딕도 수녀회. 푸른 숲으로 둘러싸인 붉은 벽돌 건축물로, 멀리서 바라보아도 마음이 평화로워진다. 은혜의집, 어버이집, 유치원 등 다양한 복지시설로 운영되는 수녀원에 가까이 가면 저절로 마음이 비워지며 평화의 기도가 떠오른다. 또 성모정원이라고 불리는 산책로와 야외 제대 등이 마련돼 있다. 수행처인 수녀원 본원은 일반인이 가기 어렵지만 부활절이나 크리스마스 등 열린 행사에는 누구든 방문할 수 있다.

감동의 수원지를 가꾸는
해인글방

이 시대의 맑은 영혼인 이해인 수녀에겐 대명사가 많다. 국민이모, 마음의 엄마, 흰구름 천사 등이다. 해인글방은 일상과 자연을 성찰하며 사랑과 희망을 시적 주제로 삼은 이해인 시인이 읽고 쓰기, 책 읽기, 편지 쓰기를 하는 곳이다. 10대 소녀시절 구도자의 길을 선택했고, 일흔 중턱을 넘어서도 아직 소녀 같은 순결한 동심과 소박한 언어를 가지고 있다. 해인글방의 순수함은 행복론으로 가득하다.
실내 곳곳 열린 마음을 보여주는 소박한 사물들로 반짝인다.

늘 꽃잎을 나누는 치유의 시인

언제 어디서 만나도 쾌활하고 따뜻한 모습을 보여주는 이해인 시인의 트레이드마크는 꽃과 꽃시들이다. 늘 꽃을 나누어주고 일상적 체험을 녹여낸 많은 꽃시를 쓴다. 서명할 때도 그 꽃잎들은 어김없이 등장한다. 때문에 모든 순간에 아프고 소외된 사람들을 향한 '치유와 희망의 메신저'가 된다. 해인글방을 다녀오고 나면 누구든 새로운 용기와 사랑을 품을 수밖에 없다.

+Plus Good Tip

누구든 갈 수 있는 성모정원이라고 불리는 산책로를 걷다 보면 마음이 저절로 맑아진다. 여유가 있다면 입구에 있는 은혜의 집에 들러, 수녀님들이 만든 소박한 공예품을 구입하는 것도 치유가 되지 않을까. 주변으로는 스테인드글라스 빛의 향연이 가득한 남천성당과 교구의 역사를 볼 수 있는 부산교구청, 병인박해 때의 순교현장인 수영 장대골 순교사적지 등이 골목골목을 따라 신앙올레길을 만들고 있다.

#이해인 #베네딕도수녀회 #민들레의영토
#꽃시 #유튜버

067

꿈꾸는 법을 가르쳐주는
인디고 서원

인문 서가의 제목들을 꼼꼼히 훑고
마음에 드는 고전 한 권 구매하기

글 김수우

청소년을 위한 인문학 서점이지만, 부산 인문운동의 시발점이라고 할 수 있는 아름다운 장소이다. 다양한 인문프로그램, 특히 지속적인 읽기와 쓰기를 통하여 공동선이라는 미래의 비전을 펼쳐내고 있다.

📍 초롱초롱하다 | 질문이 많아지다 | 공동선을 생각하다

청소년들에게 인문의 지평을 보여주다

2004년 청소년 문화활동을 위한 장을 마련하기 위하여 세워진 인문서점이다. 개점 이래 청소년을 주체로 한 다양한 인문학 운동을 전개하고 있다. 다채로운 프로그램을 통하여 한국 인문운동의 위상을 유감없이 발휘하는 중이다. 베스트셀러와 문제집이 없는 서점, 꿈꾸는 초록지붕을 가진 이 서원에서는 2006년부터 청소년이 직접 만드는 인문 교양지《인디고잉(INDIGO+ing)》을 발간하고 있다. 이를 통해 보다 큰 인문의 지평을 개척 중이다.

'너 자신을 알라'를 어떻게 이해할 것인가

1층 2층 인문서적들의 제목을 꼼꼼히 훑어보면 제 가치를 품은 책들은 모두가 하나의 지평을 가지고 있다. 공부란 내가 모르는 것이 얼마나 많은가를 깨닫는 것이다. 건물 한가운데를 관통하는 은행나무 우주목을 통해 더 멀고 아름다운 근원을 꿈꾸어보자. 세상은 아는 만큼 보인다. 관심을 가지면 보이지 않던 인드라망이 우리 앞에 열리는 법이다.

> "나 혼자 꿈을 꾸면
> 그건 한갓 꿈일 뿐이다.
> 하지만 우리 모두가 꿈을 꾸면
> 그것은 새로운 현실의 출발이다."
>
> - 훈데르트 바서
> (인디고서원이 지표로 내세운 대의이다.)

푸른 물결처럼 출렁이는
인문정신을 경험해보자

저자를 초청, 청소년들의 진지한 토론을 여는 '주제와 변주', 학부모를 위한 작은 세미나 '열두 달 작은 강의', 책읽기의 중요성에 공감하는 '수요시민인문학', 청년정신을 보여주는 '청년들의 저녁식사', 청소년

의 올곧은 시대정신과 세계관의 형성을 돕는 '인디고 유스 북페어', 정의로운 세상을 꿈꾸는 청소년, 세계와 소통하다는 명제를 지닌 '정세청세' 등이 있다. 다양한 도전들이 인문의 파도를 만든다.

+Plus Good **Tip**

내 안의 호기심을 발동해 꼭 좋은 인문서적 한 권. 사자. 분명 새로운 디딤돌이 될 것이다. 또 인디고 서원 건물 뒤쪽 소박한 정원을 끼고 있는 '작은 혁명가를 위한 작은 식당' 에코토피아에 생태적인 음식을 마주하면 도심 속 자연이 그득하게 다가온다. 인디고 건너편 건물 2층에 자리잡은 정세청세 공간과 3층 아람샘 공간에서도 다양한 인문적 만남들이 마련되고 있다.

#인디고 #정세청세 #인디고잉 #에코토피아 #허아람
#공동선

기억하는 한,
향기는 지워지지 않는다

068

산속에서 만나는 친환경 게스트하우스
천마산 에코하우스

천마산 자락에서 경험하는
가장 부산스러운 풍경과 마주하기

글 이정임

천마산 에코하우스는 친환경 게스트하우스다. 자연을 아끼는 공간에서 자연을 벗 삼아 시간을 보내기 좋은 곳이다. 친환경 공간 숙박 경험, 옥상달빛극장 영화 감상, 산중턱에서 내려다보는 부산 구도심 일대와 부산항 전경, 야경 감상 등 1석 3조의 이득을 누릴 수 있는 곳이다.

⭐ 까리하다 | 환상적이다 | 상쾌하다

친환경 게스트하우스가 있다

천마산 에코하우스는 부산 서구와 사하구의 경계를 이루는 천마산(해발326m)의 동쪽, 아미동 산복도로 자락에 있다. 도시의 게스트하우스라도 일반적이지 않다. '에코'라는 이름답게 친환경으로 지어진 게스트하우스다. 이곳의 태양광 발전 설비는 시간당 에어컨 5대를 동시에 가동할 수 있는 전기량을 생산하고, 태양열 온수 시스템은 최대 300L의 온수를 보관할 수 있다. 기능성 이중창은 소음차단과 냉난방비 절감 역할을 한다. 지붕과 바닥에 쏟아지는 빗물은 탱크에 저장했다가 청소나 텃밭, 화분에 물을 줄 때 쓴다.

에코하우스를 즐기는 방법

천마산 에코하우스의 제일 큰 장점은 풍광이다. 테라스에서 내다보는 풍경은 아름답기도 하지만 가장 '부산' 같다. 부산의 원도심(서구 중구 영도구)과 부산항(영도와 송도 사이에서 시작되어서 멀리 오류도까지 펼쳐진)이 한눈에 들어온다. 낮에는 산과 바다로 둘러싸인 부산이라는 도시의 지형적 특성을 한눈에 볼 수 있고, 밤이 되면 지상에 깔리는 은하수 같은 야경을 볼 수 있다. 여름이라면 야경과 함께 옥상 테라스에서 영화 감상의 낭만도 즐길 수 있다.

시간과 체력이 허락한다면 등산로를 따라 천마산 정상에 올라보는 것도 좋다. 에코하우스의 테라스에서 보는 풍경도 훌륭하지만 천마산 정상에서의 풍광도 감탄할 만하다. 활엽삼림이 우거진 산길을 오르다 보면 천마산조각공원의 작품들도 감상할 수 있다. 마침내 정상에 오르면, 멀리 낙동강에서부터 다대포, 감천, 송도, 남항, 북항에 이르는 거대한 파노라마식 해안 절경과 도심의 풍광을 한눈에 조망할 수 있다. 뷰 포인트는 봉수대와 송수신탑 옆이다.

천마산 정상에서 내려다보이는
도시의 모습이 진짜 부산의 모습이다.
밤이 되면 은은하게 퍼지는
도시의 불빛이 은하수처럼 눈앞을 떠다닌다.

+Plus Good Tip

천마산 에코하우스는 접근성이 다소 떨어진다. 대중교통은 마을버스를 이용하고 500m가량 걸어야 한다. 짐이 있다면 토성동 지하철에 내려 택시를 이용하는 것도 좋은 방법이다. 숙소는 단체인지 개인인지 미리 구분하여 예약하는 것이 좋다. 옥상달빛극장 영화 상영은 미리 알아보도록 하자. 개최 날짜는 매년 다르지만 대개 여름 시즌에 진행한다(2019년 기준 8월1일~9월8일 상영). 조금 일찍 도착하여 천마산 정상에 올라보거나 근처의 감천문화마을과 비석마을을 둘러보는 것도 좋다.

• 체크인: 15:00 | 체크아웃: 익일 11:00
• 예약전화: 070-8917-1503
• 만 5세 이하는 사용료 면제.
• 주말과 공휴일을 제외하고 오전 9시부터
  오후 6시까지 방문예약·전화예약 가능.

#천마산_봉수대 #조각공원 #에코하우스
#부산항_전경 #부산_야경 #아미동

069

영도다리 옆에 우아하게 세워진
라발스호텔

**항구와 바다, 도심과 산의 뒤엉킨 모습 속에
느닷없는 새로움이 흠칫 놀라게 한다**

글 이승헌

깡깡이마을에 정박해 있는 배들, 영도대교 아래를 유유히 지나는 작은 어선들, 바다와 산과 하늘 사이사이로 보이는 도시의 집과 건물들. 이 모든 것이 겹쳐진 장면들이 하나의 시선에 들어온다는 것은 가히 영화를 보는 듯 드라마틱하다.

📍 느닷없다 | 복합적이다 | 재편하다

모든 새로움에는
계획이 있다

부산 영도에 느닷없이 호텔이 생겨났다.
그것도 부산의 상징적인 영도대교와 부산
대교 사이의 위치에. 건물 주변은 어선들
과 물양장 창고군으로 여전히 어지럽다.
어업과 물류업이 왕성하던 원래의 땅에 그
동안 전혀 없던 새로운 숙박시설이 들어선
것이다. 거친 물가 배경에 왈츠를 추듯 생
기발랄함이 삽입되었다. 풍경의 질서를 적
잖이 재편성하려는 힘을 가지고 있다.

부산의 진면목이
겹겹이 겹쳐 보이는 환상 뷰

건물 외형이 가져온 신선한 충격 그 이상
으로 놀라운 것은 내부에서 바라보는 주변
전망이다. 아래로는 배들의 뱃고동이 들리
고, 깡깡이마을의 수리조선소의 분주함도
보인다. 멀리 컨테이너 크레인이나 대형
크루즈가 있고, 북항 재개발의 현장도 내
려다보인다. 이런 복합적인 뷰포인트는 세
계 어떤 호텔에서도 접할 수 없는 유니크
한 조망이다.
이 색다른 조망을 더 극적으로 즐기려면,
최상층 라운지바(맥심드파리)나 루프탑으로
가야 한다. 숙박의 기회가 있다면 모퉁이
객실을 욕심내보자. 90도 꺾인 유리창 너
머로 다각적 앵글이 포착된다. 북항 재개

발이 완료되고 나면, 뷰는 더욱 어마어마
할 듯.

+Plus Good Tip

호텔에서 나와 걸어서 갈 수 있는 주변 핫플레이스
들이 많다. 부산대교를 건너가면 있는 노티스. 여
기는 80~90된 쌀창고를 리모델링한 곳이라 시
간의 운치가 있다. 물양장 쪽 물류창고를 고쳐 만
든 카페 무명일기도 분위기가 멋지다. 조금 출출하
다면 삼진어묵까지 걸어가서 각종 어묵 제품을 간
식으로 사 먹을 수 있다. 수영장을 고쳐 독특한 카
페로 바꾼 젬스톤도 재밌다. 깡깡이마을에 있는 양
다방의 살아있는 빈티지스러움을 쌍화차와 함께
경험해보는 것도 신선한 경험이 될 것이다.

#영도대교 #부산대교 #노티스 #무명일기 #젬스톤
#삼진어묵 #양다방

070

이상한 나라의
문화골목

비 내리는 오후면
생각의 잡동사니를 버리러 간다

글 송교성

문화골목에 들어서면 이상한 나라의 앨리스가 된 기분을 느낄 수 있다. 주변과 다른 독특한 분위기의 공간은 잠시나마 세상에서 벗어나 다른 세계로 온 듯하다. 맥주와 음악을 좋아한다면 2층, 노가다(老歌多)에서 오래전 음악을 신청해보자. 이상한 나라에서 하루를 마무리하는 좋은 방법이다.

📍 빈티지하다 | 신비롭다 | 묘하다

천천히 보아야 비로소 보이는 공간

문화골목은 이름처럼 골목으로 들어가야 만날 수 있는 공간이다. 경성대와 부경대가 마주치는 대학로에 있는데, 여느 상가들과 달리 들어가는 입구가 잘 드러나 있지 않다. 주변의 술집과 카페, 식당들이 손님을 유혹하기 위해 온갖 화려한 치장을 한 모습과 대조적이다. 주변이 빠르게 변하면서, 가봤던 사람도 입구를 찾아 헤매기 일쑤다. 천천히 걸으며 자세히 볼 때 비로소 보인다.

앨리스를 만나는 이상한 나라

입구로 들어가면 이상한 나라의 앨리스가 된 기분을 느낄 만큼 주변과 다른 독특한 분위기의 공간을 만나게 된다. 바닥의 돌들, 오래된 간판, 담쟁이와 화분들, 철제 소품들과 항아리, 거친 나무 외장들이 무심하게 시간의 깊이를 더해준다. 소극장과 갤러리, BAR, 카페와 식당 등으로 구성된 이곳은 마치 실타래처럼 서로서로 엮인 상태로 존재한다. 그렇게 좁은 골목을 재미있게 만든 건축의 미학 속에서 잠시나마 지루한 세상에서 벗어나 다른 세계로 온 듯하다.

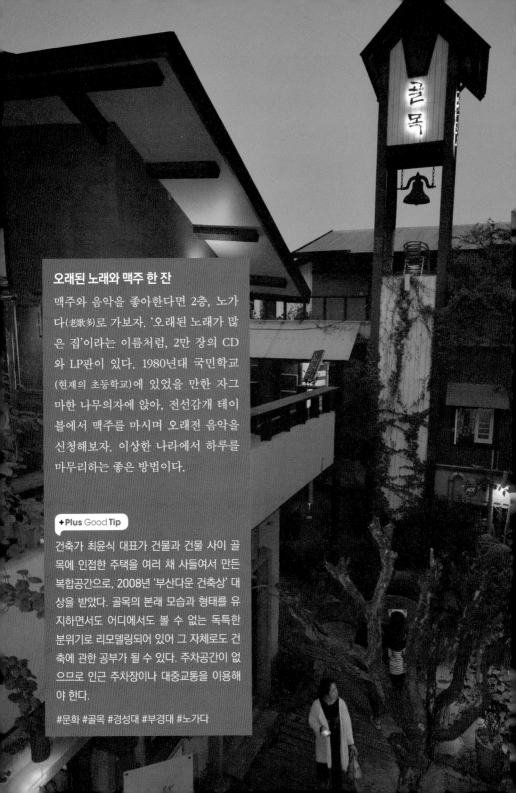

오래된 노래와 맥주 한 잔

맥주와 음악을 좋아한다면 2층, 노가다(老歌多)로 가보자. '오래된 노래가 많은 집'이라는 이름처럼, 2만 장의 CD와 LP판이 있다. 1980년대 국민학교(현재의 초등학교)에 있었을 만한 자그마한 나무의자에 앉아, 전선감개 테이블에서 맥주를 마시며 오래전 음악을 신청해보자. 이상한 나라에서 하루를 마무리하는 좋은 방법이다.

+ Plus Good Tip

건축가 최윤식 대표가 건물과 건물 사이 골목에 인접한 주택을 여러 채 사들여서 만든 복합공간으로, 2008년 '부산다운 건축상' 대상을 받았다. 골목의 본래 모습과 형태를 유지하면서도 어디에서도 볼 수 없는 독특한 분위기로 리모델링되어 있어 그 자체로도 건축에 관한 공부가 될 수 있다. 주차공간이 없으므로 인근 주차장이나 대중교통을 이용해야 한다.

#문화 #골목 #경성대 #부경대 #노가다

071

비숙박객에게도 열린 공간
아난티코브

해안 산책로를 따라 걸으며
동해바다의 찬란함을 만끽하기

글 이승헌

망망대해가 펼쳐진 숙소의 프라이빗 풀에서 유영하는 기분은 어떨까? 숙박객이 아니어도 여기는 산책로, 광장, 상업시설, 로비 등을 자유로이 이용할 수 있게 되어 있다. 그 어느 곳보다 여유로운 이터널저니(서점)에서 커피와 책이 주는 그윽함을 즐겨보자.

📍 여유롭다 | 프라리빗하다 | 이국적이다

"'이터널저니'는 아난티코브의 문화 구심점으로
단순히 책을 구입하는 곳이 아닌
강연회, 전시회 등 다양한 문화 콘텐츠를 통해 자신에게 맞는
라이프스타일을 고르고 경험할 수 있는 공간이라고 하는데
이곳을 둘러보는 것만으로도 아이들에게 많은 도움이 될 것 같았습니다."
- 김경태, 프라임경제 기자

기장이 숨겨놓았던 천혜의 땅

이 건물이 들어서기 전에는 기장의 작은 만 (코브 cove)이 이렇게 아름다운지 몰랐다. 뒤로 낮은 둔덕을 등에 지고, 시야 전체가 환상적 바다뷰다. 해운대와는 또 다른 평온함과 장쾌함을 가지고 있다. 연면적이 54,000평이나 되는 국내 최대 규모의 휴양시설에는 힐튼호텔과 아난티펜트하우스가 나란히 자리하고 있다. 바다로 바로 뛰어들 수 있는 해수욕이 아니다 보니, 곳곳에 풀 (pool)을 두고 있다. 공용 풀은 물론 객실에도 프라이빗 풀과 자쿠지(Jacuzzi)까지도 갖추고 있다. 기회가 된다면 숙박을 해보자.

비숙박객에게 열린 공간

해안가로 긴 산책로를 거닐 수 있으며, 이벤트광장과 잔디마당에서 쉴 수도 있다. 유럽 마을의 어느 골목이 연상되는 상가거리도 조성되어 있다. 유명 셰프의 레스토랑이나 카페, 펍, 꽃집, 소품샵 등이 품격 있는 인테리어로 손님을 맞는다. 더불어 편집샵의 면모를 갖추고 있는 이터널저니에서 선별된 책을 고르며, 읽으며, 차 한잔의 여유를 누릴 수도 있다.

고도의 마켓팅 전략

현지인들과 뒤섞여 북적대는 상가거리는 숙박을 위해 온 타지인들에게도 즐거움을 줄 것이다. 쉬다가 즐기다가 여유로운 시간을 보내는 그야말로 새로운 호캉스 스타일이다. 어쩌면 고도의 마켓팅 전략이 아닐까 생각되기도 한다. 설정이 어찌 되었든 이 좋은 공간을 마음껏 누비자. 멋진 바다 산책로도, 매력적인 상가 골목도, 여유로운 서점도 모두 프리로 즐길 수 있다.

+Plus Good Tip

아난티코브에서 3시 방향으로 보이는 만(灣)에 그 유명한 해동 용궁사가 자리 잡고 있다. 바다 앞 기암절벽에 세워진 사찰이라서 국내외 관광객들이 많이 찾는 곳이다. 십이지상을 지나 석등과 함께 쭉 이어진 108계단을 따라 내려가다 보면 어느새 시원한 바다가 열린다. 화려한 단청이 칠해진 대웅전 안팎의 모습이나 바다를 바라보는 거대 석불의 용태는 외국인들뿐만이 아니라 국내 여행객의 눈에도 분명 이국적인 장면일 것이다. 더욱 인상적인 장관을 보고자 한다면, 일출 시, 낙조 시, 아주 흐린 날, 4월 초파일 연등축제가 벌어지는 때에 방문해보는 것도 추천한다.

#힐튼호텔 #아난티펜트하우스 #이터널저니 #용궁사 #바다사찰

072

부산을 발굴하는 사람들
여행특공대와 핑크로더

여행특공대와 산복도로 여행을,
핑크로더와 감성 예술 여행을

글 송교성

부산 여행 초보자 코스를 벗어났다면 여행특공대와 핑크로더를 만나보자. 지역의 가치를 찾고, 부산 여행의 새 패러다임을 만들고 있는 이들이 들려주는 부산 이야기가 신선하다.

📍 가치 있다 | 감동적이다 | 신선하다 | 새롭다

부산,
어디까지 가봤니?

부산 여행도 단계가 있다. 초급자 코스는
주로 해운대, 광안대교, 태종대, 자갈치시
장, 국제시장, 용두산공원같이 널리 알려
진 유명 관광지다. 주로 추천, 필수라고 불
리는 코스들이다. 요즘 중급자들은 흰여
울문화마을, 감천문화마을, 이바구길 등을
다닌다. 부산의 근현대 역사와 고유한 문
화를 바탕으로 한 도시재생 지역들이다.
을숙도, 아미산전망대와 다대포해수욕장,
부산현대미술관이 있는 서부산을 찾는 이
들도 많아지고 있다. 대도시와 함께 수려
한 자연을 만나기에 좋은 곳이다.

부산 여행 상급자를 위한
로컬 크리에이터들

'부산 사람도 모르는 진짜 부산 이야기'를
비전으로 부산 여행의 새로운 가치를 창
조하는 여행특공대와 '부산을 여행하며 핑
크빛 희망의 길을 만들어가는' 공정여행사
핑크로더. 두 여행사 모두 젊은 대표자들
이 신선한 감각과 창조적 관점으로 부산을
해석한 코스를 선보이고 있다.

사람들의 삶을 먼저 이해하고,
산복도로를 바라보면 달라집니다.

- 손민수 여행특공대 대표 〈부산학. 산복도로의 어제와 오늘〉

부산 여행의 새 패러다임을 만드는 이들

핑크로더는 최근 예술가들과 함께 부산과
통영, 울산 등 인근 지역을 잇는 감성 예술
여행, 깡깡이예술마을, 봉산마을 등 도시
재생 지역과 연계한 투어 프로그램을 운영
하고 있다. 여행특공대는 임진왜란, 근대
식민지, 피란수도와 같은 부산의 역사를
재발견하는 코스들을 운영한다. 특히 대표
의 구수한 사투리 해설이 일품이다. 지역
의 가치를 찾고, 부산 여행의 새 패러다임
을 만들고 있는 이들과 함께 상급 코스로
부산을 만나보자.

+Plus Good **Tip**

색다른 부산 여행을 계획한다면, 여행특공대 대표
손반장의 부산 여행 책 《산복도로 이바구》를 추
천한다. 산복도로의 역사와 문화를 쉽게 이해할 수
있다. 핑크로더는 부산의 작가들과 협업하여 지역
의 정체성을 담은 여행 상품을 개발하거나 작은 액
세서리부터 머그컵 등 부산을 표현한 다양한 디자
인 제품을 판매하고 있다.

#부산여행 #로컬 #여행의 참맛 #산복도로
#여행의참맛

073

남항을 품은 대중목욕탕
송도해수피아

바다를 품은 목욕탕에서
일출을 보자

글 송교성

부산에선 밥, 커피, 산책, 술은 물론 노래방과 스크린골프장, 도서관 등 거의 모든 일을 바다를 보며 할 수 있다. 굳이 오션뷰 호텔에 가지 않고도 바다를 보며 목욕도 할 수 있다. 송도해수피아에서 개인별로 마련된 반신욕탕에 앉아 바다를 보며 하루의 피로를 풀어보자.

📍 나른하다 | 확 풀린다 | 가벼워진다

바다가 쏟아지는 목욕탕

멀리 영도와 남항, 남항대교가 시원하게 보이는 송도해수피아는 찜질방과 사우나, 휘트니스가 결합된 복합 시설이다. 여느 도시에 있는 대형 사우나 시설과 비슷하지만, 탈의실부터 목욕탕 내부까지 통유리로 바다를 조망할 수 있어 눈이 즐겁다. 바닷물을 직접 끌어들인 해수탕과 바다를 바라보며 반신욕을 즐길 수 있는 탕도 특별하다. 특히 반신욕탕은 개인별로 앉을 수 있게 되어 있어 바다를 보며 조용히 피곤을 녹이기에 충분하다.

반신욕을 하며 일출을 보자

날이 좋다면 반신욕을 하면서 일출도 볼 수 있다. 햇살이 목욕탕 안으로 들어오는 순간은 마음도 함께 씻어지는 느낌이다. 찜질방과 함께 24시간 운영되기 때문에, 예기치 않은 계획이나 날씨에 하루쯤 쉬어 가도 좋을 곳이다.

+Plus Good **Tip**

송도해수피아는 바로 앞에 버스 정류장이 있어
대중교통 이용이 편리하다. 부산역도 버스로 약
25분 정도 거리라 여행의 시작점도, 끝점도 될 수
있다. 남항대교와 바로 이어지고, 송도해수욕장과
도 가깝다. 근처의 부산공동어시장과 충무동 새벽
시장에서 활기찬 아침을 맞이한 뒤, 반신욕을 하며
새벽의 피로를 풀기에도 그만이다.

#송도 #바다보며목욕 #해수탕 #반신욕 #찜질방

074

색다른 여행
시내버스로 부산을 여행하는 법

해안을 달리는 1011번 버스와
산복도로를 달리는 186번 버스로 부산 여행하기

글 이정임

부산의 관광지는 부산 시티투어버스를 타면 다 볼 수 있다. 하지만 혼자 조용히 '현지인'의 생활 속에 들어가 보고 싶다면 저렴하고 특색 있는 버스여행을 해보자. 부산의 해안이 보고 싶다면 1011번 버스를, 부산의 산복도로를 보고 싶다면 186번 버스를 타자.

📍 짜릿하다 | 신박하다 | 환상적이다

대교를 달리는 1700원짜리
부산시티투어버스, 1011번 버스

1011버스는 총 12대가 운행 중이다. 기장 청강리와 경제자유구역청(해운대와 명지로 이해하면 쉽다)을 오간다. 자동차전용도로로 달리기 때문에 법률상, 안전상 입석은 불가하다. 그러니 출퇴근 시간은 무조건 피해서 타야한다. 배차 간격이 25분으로 꽤 기니 시간 여유를 잘 둬야 한다. 1011번 급행버스가 특별한 이유는 부산 바다를 차창을 통해, 편히 앉아서 볼 수 있다는 점이다. 부산 지역을 잇는 매력 있는 다리를 여러 개 건넌다. 특히 부산항대교는 나선형으로 오르는데 놀이기구 못지않은 스릴과 짜릿한 쾌감을 느낄 수 있다.

부산의 속살을 들여다보는 재미,
186번 버스

소설가 김연수는 여행 산문집《언젠가, 아마도》에서 부산의 186번 버스를 언급한다. 색다른 부산을 보고 싶었던 그에게 지인이 186번 시내버스를 타라고 했다. 186번 버스는 영도구 태종대에서 출발해 영도대교, 국제시장, 산복도로, 가야시장을 거쳐 사상터미널(사상역)까지 갔다가 되돌아오는 노선을 운행한다. 김연수는 가야역 앞에서 범천동 방향으로 가는 이 버스를 탔다. 운전기사 쪽에 앉은 그는 '내가 알지 못하던 부산으로 떠나는 여행의 시작'이었다고 글을 마무리 짓는다. '지금까지 알지 못하던 부산'이 무엇인지 직접 체험해보도록 하자.

이 노선은 다른 지역에서는 흔히 볼 수 없는 산복도로 풍경을 담고 있는데, 특히 가장 긴 산복도로 구간을 자랑하는 망양로를 담은 코스다. 피란민과 공장 노동자, 시장 상인 등 서민들의 생활상을 들여다볼 수 있다. 산 위에서 구불구불 좁고 가파른 언덕을 오르내리는 버스(간혹 인터넷에서는 '부산버스의 위엄'이라는 제목으로 사진이 실리기도 한다)에서는 다닥다닥 붙은 집 너머로 바다까지 볼 수 있다.

＋Plus Good Tip

언제 어디서 근사한 사진 포인트가 나올지 모르니 카메라를 든 채로 긴장해야 한다. 버스가 움직이고 정차하는 데 따라 사진도 찍을 수 있는데, 그것도 나름의 운에 맡겨야 한다.

#1011번버스 #대교투어 #186번버스
#산복도로투어 #색다른부산여행

075

착함의 정서를 가득 모아 지은
알로이시오 가족센터

반원통의 하얀 채플공간 장의자에 앉아
순수함을 염원해보기

글 이승헌

수녀님의 가이드를 따라 둘러보다 보면 마음이 선해짐을 느끼게 된다. 곳곳에 배어 있는 배려와 사랑의 정서에 감동이 밀려온다. 알로이시오 신부의 방에서 겸허함을 배우고, 엄마수녀와 만나 수다를 떠는 표정에서 깊은 정겨움을 본다.

📍 착하다 | 정겹다 | 흐뭇하다

열매들을 위한 알로이시오 가족센터

'배려'와 '사랑'이라는 벽돌을 쌓아올려 만든 따스한 공간이다. 요즘 사는 게 좀 퍽퍽하다는 생각이 든다면 여기 가서 위안을 받아보자. 가족센터 앞 한평 텃밭에는 계절마다 제철 화초를 심는 수녀님들의 밝은 모습을 볼 수 있다. 가족센터 로비에서는 오랜만에 만난 열매들(이 곳 출신 가족들을 일컫는 말)과 엄마 수녀님의 정겨운 웃음소리를 들을 수 있다.

2층 신부의 방에는 한평생 검소하게 사셨던 알로이시오 신부님의 생활 집기들이 있다. 흔들의자 앞에는 아래층의 채플 제단부를 내려다볼 수 있는 우물창이 있다. 병상에 누워 계시면서 가족들의 예배드리는 모습을 보고 싶어 했던 신부님의 바램을 구현한 것이다. 두 개 층의 공간을 터 만든 채플은 반원통 하얀 천정을 따라 외부의 빛이 스며들도록 해놓았다. 아무 군더더기가 없으나, 세상의 그 어떤 종교 공간보다 더 아름답고도 깊이가 느껴진다. 여기서는 긴 의자에 앉아 잠깐이라도 묵상하고 기원을 해보자.

> "이곳 아이들이 나중에 사회에 들어가서 자기 힘으로 살기 위해서는 보통 가정 아이들보다 훨씬 교육을 잘 시켜야 한다."
> — 영화 〈오 마이 파파〉 중에서 알로이시오 신부의 말

공동생활공간인 수국마을

기숙사 건물을 허물고, 수국마을이라고 하는 공동생활공간을 8채 조성하였다. 이곳은 청소년 자립 생활공간으로 현재 중고등 여학생 10~12명이 가족의 정서를 오롯이 느끼며 함께 생활하고 있다. 집집마다 방이 3칸, 거실과 주방, 식당이 있어 함께 나누고, 고민하고, 싸우고, 배려하고, 도와가며 산다. 중앙의 마당에서 만나는 이곳 아이들은 얼마나 밝고 인사를 잘하는지 갈 때마다 마음이 흐뭇해진다.

최근에 알로이시오 놀이터가 새로이 조성되었다. 기존의 체육관을 리모델링 했는데, 아이들이 좋아할 만한 콘텐츠가 가득 들어 있다. 만화도서관에는 2중 서가에 만화책이 빼곡히 꽂혀 있다. 두 개 층의 다람쥐통에 찡 박혀서 딩굴딩굴하다가 따분해지면 바로 옆의 트램플린에서 뛰어놀면 된다. 1층에는 춤을 출 수 있는 연습실과 그 옆에는 탁구장도 마련되어 있다. 실내체육관에서 구기종목이나 배트민턴을 즐길 수 있으며, 높은 벽을 활용해 암벽등반 시스템까지 설치되어 있다. 이 멋진 놀이터를 지역의 아이들에게도 개방하여 예약제로 시설을 이용할 수 있도록 배려했다.

#마리아수녀회 #알로이시오신부 #수국마을 #놀이터 #만화도서관

076

가파를수록 촘촘하게 어깨를 겯는
감천문화마을

시간과 장소, 그리고 사람 속에
내 어깨를 맞대어보라

글 김수우

한국전쟁 피란민의 힘겨운 터전으로 시작되어 오늘날까지 민족현대사의 한 단면과 흔적을 그대로 간직하고 있는 마을이다. 계단식 집단 주거와 미로 골목길은 부산이라는 지형적 역사의 특징을 선명하게 보여준다.

📍 반짝인다 | 신기하다 | 아기자기하다 | 찡하다

내려다보이는 집들은 아름답다 못해 평화롭다.
하지만 그 속에서 다닥다닥 붙어 살던 사람들의 삶을 생각하면
절실함이 느껴져 안타까운 마음이다.

뛰지 마세요

우리 몸속 핏줄을 닮은 길들

산자락을 따라 질서 정연하게 늘어선 단칸
집들을 따라 이어진 미로 골목길은 어디든
관통한다. 모든 길이 통하는 골목길과 다
닥다닥 붙은 낮은 지붕들은 장난감 나라
에 온 것 같지만 힘들수록 서로 기대어 살
아야 했던 공동체의 절실함을 그대로 보여
준다. '레고마을' 또는 '한국의 산토리니'라
고 불리는 이곳은 무엇보다도 시간이 만든
매력이 크다. 하늘마루에 올라 어린왕자와
함께 감천마을 전체와 감천항을 바라보면
왠지 인간과 삶이 무엇인지 저절로 알게
될 것도 같다.

태극도 신도들이 모여 살던 집단촌

피란 당시 반달고개 주변에 모여 집단촌을
만든 태극도 신도들과 한국전쟁 피란민들
이 함께 일군 이곳은 가파른 삶을 신앙으
로 버텨낸 시간을 가지고 있다. 지금은 거
의 흩어졌지만 아직도 마을에는 태극도를
수련하는 곳이 있으며, 교주 무덤인 '할배
산소'도 그대로 있다. 신앙에 기대며 공동
체를 이루고자 했던 4천여 명 태극도 신도
들은 어떤 이상을 꿈꾸었을지 잠시 유추해
보는 것은 어떨까.

살아 있는 미술관 마을

부산의 지형과 역사를 잘 보여주는 이곳은 '공공미술프로젝트' 사업 덕분에 훌륭한 미술관이 되었다. 먼저 옛 생활상과 변화를 볼 수 있는 작은 박물관에 들렀다가 카툰공방, 낙서갤러리, 빛의 집, 북카페 등을 둘러보면 마을의 숨은 개성이 더 반짝인다. 아트숍이나 씨앗호떡, 마을 할머니가 만드는 달고나 등을 맛보는 것도 마을을 더 흥미롭게 한다. 어린왕자 포토존, 등대 포토존 등도 마련되어 있다.

+ **Plus** Good Tip

골목 사이 수직으로 선 계단을 오르내리며 옹기종기 어깨를 맞댄 지붕들처럼 친구들과 어깨를 맞대어보자. 삶의 높이와 깊이가 담긴 풍경을 보면서 가파른 삶일수록 촘촘하게 어깨를 겯고 살아가야 함을 느껴보자. 감천고개를 넘으면 내리막으로 아미동 비석문화마을이 있다. 공동묘지의 비석들 위에 집을 지을 수밖에 없었던 피란민의 애환이 그대로 담겨 있다. 천마산 등산로도 천혜의 자연이지만, 천마산 아래 천마로에서는 부산항의 전경이 가장 환하게 열린다.

#피란마을 #공공미술 #태극도 #미로골목

077

별빛 내려 아름다운
호천마을

무수히 많은 집들 사이에서
나의 집 마당(옥상) 상상하기

글 이정임

호랑이가 출몰하던 이 마을은 한국전쟁 피란민의 판잣집이 즐비하게 늘어선 곳으로 변모했고, 현재 산비탈을 따라 다닥다닥 늘어선 집들이 서로의 어깨를 걸고 사는 모습을 보여준다. 호천문화플랫폼에서 마을을 내려다보면 마당 역할을 하는 옥상들이 펼쳐져 있다. 별빛과 불빛으로 반짝이는 옥상들을 내려다보며 '내 집' 마당을 한 번쯤 상상해보게 한다.

📍 위로받다 | 아름답다 | 로맨틱하다

'그냥 어른'도
한 뼘 옥상을 상상하는 밤

드라마 〈쌈, 마이웨이〉의 대사처럼 N포 세
대라 불리는 청년들은 어느 날 문득 생각
한다. 멋진 어른이면 좋겠는데 좀 시시한
'그냥_사람_어른'이 된 것 같다고. 호천마
을 호천문화플랫폼에 가면 이 대사가 새겨
진 기념비와 드라마 속 장소 '남일바'를 볼
수 있다. '호천'은 마을 근처 울창한 숲에서
호랑이가 자주 출몰했다 하여 붙은 이름
이다. 호랑이가 있다는 말은 산세가 험했
다는 말. 이 골짜기에 터를 잡은 사람이라
면 가진 것이 '없는 사람'이었을 것인데 실
제로 한국전쟁 시절 피란민들이 많이 들어
와 삶의 터전으로 잡았다. 산비탈을 따라
다닥다닥 붙은 집들이 서로의 어깨를 겯고
부산항대교가 있는 바다를 향해 놓여 있는
데, 호천문화플랫폼에서 보면 장관을 이룬
다. 과거의 '없는 사람'과 지금의 '그냥 어
른'은 어딘가 닮아 있다. 꿈이 있지만 우선
은 지금을 묵묵히 살아내야 하는 사람들.
편한 삶을 꿈꾸지만 지금은 현실의 '180계
단'을 오르내려야 하는 사람들.

나만의 옥상을 상상하는 밤

마을을 내려다보면 각기 다른 모양과 색깔을 지닌 옥상이 늘어서 있다. 별빛은 높은 지대에 사는 사람에게 더 관대하지만 어둠이 내리면 마을골목 곳곳에 박힌다. 서로의 어깨를 겯고 살아가는 집들에게 주는 상처럼. 마을 야경이 참 아름다워서 위로가 된다.

근사하고 멋진 어른은 못 됐지만, 그냥 어른도 꿈은 있다. 너른 마당이 없으면 옥상을 마당 삼아 살아가는 호천마을 사람들처럼, 무수히 많은 옥상 중에 나의 집 옥상과 마당을 상상해보자. 집집마다 다른 모양의 옥상은 운동기구, 평상, 텃밭, 온실 등을 보듬고 있다. 드라마 주인공처럼 허브 화분이 늘어선 작은 옥상 평상 위에 앉아 맥주 한 캔 따는 소박한 저녁을 상상해보는 밤.

+ Plus Good Tip

호천마을은 야경이 아름답다. 낮 시간에 왔다면 주변의 볼거리를 먼저 보자. 천일경로당의 어슬렁미술관이나 이중섭 전망대 등을 둘러보길 권한다. 호천마을의 골목은 실핏줄처럼 갈래가 자주 나뉘고, 180계단 등 계단이 많아서 걷는 재미가 있다. 하지만 관광지가 아니라 주민이 살고 있는 마을이니 조용히 둘러보자. 마을 투어 후에 호천생활문화센터의 카페 끄티에서 마을을 굽어보며 차 한잔 마신 다음, 해가 질 때쯤 호천문화플랫폼으로 가서 야경 보는 것을 강력히 추천한다.

#남일바 #야경 #인생샷 #전망대 #옥상 #옥상텃밭
#180계단 #로맨틱데이트

078

캡슐 형태의 미니 객실
호텔1

불꽃축제 기간에
캡슐호텔 예약하기

글 이승현

요즘 혼행이 대세다. 배낭하나 메고 일상을 벗어나 훌쩍 떠나는 이들이 많다. 가벼운 혼자만의 여행을 통해 복잡한 고민과 관계들을 잠시 내려놓는다. 이런 혼행자들을 위한 맞춤 숙소가 있다. 그것도 뷰가 초막강한 광안리바닷가 정중앙에.

📍 하얗다 | 이색적이다 | 유영하다

혼행자를 위한 최강 가성비 숙소

혼행(혼자 여행)을 하거나 가볍게 친구들과 여행을 떠날 때, 가장 큰 고민이 숙소다. 고가의 호텔이나 산만한 모텔은 조금 부담스럽고, 그렇다고 찜질방에서 자자니 깊은 잠 자기에 편치 않을 것 같다. 유명한 광안리해수욕장의 정중앙에 이런 트렌디한 뚜벅이 여행객들을 위한 숙소가 새로 생겼다. 멋진 오션뷰와 청결한 잠자리, 가성비까지 높은 안성맞춤의 호텔이다.

하얀 객실에 큰 창의 이색호텔

하얀 대리석에, 하얀 가구와 하얀 침구류. 온통 화이트 세상이며, 오로지 큰 창 너머로 바다만이 푸르다. 해 질 녘에 입실하면 붉게 타는 바다를 볼 수 있고, 광안대교의 불빛으로 인해 금방 로멘티시즘에 빠진다. 그러고는 까만 밤바다에 떠 있는 달을 보며 상념에 젖는다. 캡슐호텔 안에서 온갖 감성이 오락가락한다. 누워서 보는 바다. 어느 순간 침대에 누웠는지 바다를 유영하고 있는지 착각이 들기까지 한다. 스르르 뚜벅이의 하루가 잠이 든다.

"너무 답답하고 뷰도 없어서
잠만자는 일본의 캡슐호텔과는 다르다.
광안리의 캡슐호텔은 멋진 뷰와 함께
1인실부터 4인실까지
다양한 선택이 가능하다."

- KBS. 〈그녀들의 여유만만〉, 108회

스탠드 형태의 이색 카페도 있다

호텔 1층과 2층에 있는 카페(별침대카페)도
매우 이색적이다. 바다가 보이는 전면 창
전체는 폴딩도어로 되어 있고, 온통 화이
트로 인테리어 마감된 공간이다. 특히 2층
은 스탠드형으로 되어 있어서 어떤 이는
기대어 앉고 어떤 이는 반쯤 누워서 광안
리 바닷가를 본다. 무제한 셀프 간식을 이
용할 수 있게 되어 있어 몇 시간 데이트하
기엔 딱 좋다.

+ Plus Good Tip

캡슐호텔 옥상 루프탑(별카이)에서 불꽃축제를 볼 기
회가 있었다. 썬베드와 바구니 그네, 천국의 계단이
있는 루프탑은 평상시에도 탁 트인 해변과 바다의 경
치를 만끽하기에 정말 좋은 구성이다. 불꽃 향연을 즐
기려 모여든 숱한 사람이 밤바다 해변 백사장을 빈자
리 없이 까만 밤하늘에 가득 수놓은 화려한 불꽃은 환
상적이다 못해 거품을 물 지경이었다. 주제 음악과 어
우러지는 화려한 연출에 한 시간 내내 입을 다물 수가
없었다.

#광안리 #광안대교 #캡슐호텔 #불꽃축제

079

바다 위를 자동차로 통과하는
부산의 대교

바다 위 하늘을 달리는 짜릿함과
일출과 일몰의 신비함을 차 안에서 느껴보자

글 송교성

부산은 동해와 남해의 해안선을 모두 가진 축복받은 도시다. 덕분에 송정해수욕장에서 일출을 맞이하고, 다대포해수욕장에서 일몰을 보내는 여정이 가능하다. 특히 대교를 달리다 보면 부산이 지닌 도시의 윤곽선을 제대로 볼 수 있다. 부산의 입체적인 해안선. 그리고 역사가 빚어낸 항구도시의 과거와 미래를 파노라마처럼 만나보자.

📍 시원하다 | 짜릿하다 | 빠르다

부산시티투어 2층 버스를 타고
바람을 맞으며 바다 위 다리를 건너는 경험은 짜릿하다.

- 박정민 기자. 국제신문. 2019. 6. 19

대교들을 이어 달리면
부산이 파노라마처럼 펼쳐진다

도심의 만성적인 교통체증을 해소하기 위해 바다 위로 계속 이어지는 도로를 낸 것인데, 그 자체로도 훌륭한 드라이브 코스다. 대교를 달리다 보면 부산이 지닌 도시의 윤곽선을 제대로 볼 수 있다. 여기저기 바다로 튀어나온 대(臺), 포구와 항구, 해수욕장들이 빚어낸 부산의 해안선은 입체적이다. 특히 부산항대교와 광안대교를 연속해서 지나다 보면 역사가 빚어낸 항구도시의 모습과 첨단 미래도시의 모습을 마치 시간의 파노라마처럼 볼 수 있다.

해운대구와 강서구, 경남 거제까지 이어지는 광안대교-부산항대교-남항대교-을숙도대교-신호대교-가덕대교-거가대교는 총 길이 52km로 자동차로는 대략 1시간~1시간 30여 분 정도면 주파할 수 있다.

다양한 특징을 지닌
대교들

대교마다 제각각의 특징을 즐겨보는 것도 여행의 재미. 부산항대교를 영도 쪽에서 진입하는 경우, 나선형 구조인데 어질어질 롤러코스터를 타는 듯 아찔하다. 남항대교는 유일하게 보도가 설치되어 있어, 대교 아래 근처에 주차하고 바다 위를 걸어서 가로지를 수도 있다. 가덕대교에서는 부산 신항의 전경을 볼 수 있다.

+Plus Good **Tip**

부산의 야경을 보는 방법으로도 대교 이용이
좋다. 특히 광안대교는 광안리와 해운대의 야
경을, 부산항대교는 영도와 부산항 부두의 야
경을 보기에 좋다. 한편, 2019년 천마산터널
이 개통되면서 남항대교와 을숙도대교 연계
가 더욱 빨라졌다.

#바다대교 #바다위도로 #광안대교 #남항대교
#드라이브

080

부산관광의 필수 잇템
요트투어

바닷물이 보이는 요트 해먹에 반쯤 드러누워
석양 바라보기

글 이승헌

부산에서의 즐거운 추억을 만드는 가장 좋은 선택 중 하나가 요트투어다. 부산의 야경투어를 가장 효과적이며 낭만적으로 할 수 있는 방법 역시 요트투어다. 도시와 어우러진 부산의 바다를 가장 아름답게 만나는 방법 또한 뭐니 뭐니 해도 요트투어다.

📍 뭉클하다 | 정화되다 | 신선하다

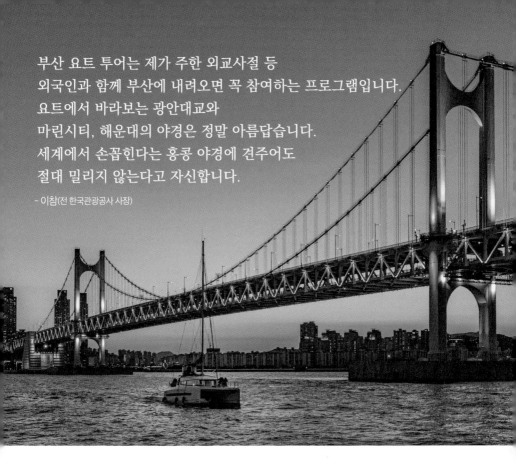

부산 요트 투어는 제가 주한 외교사절 등
외국인과 함께 부산에 내려오면 꼭 참여하는 프로그램입니다.
요트에서 바라보는 광안대교와
마린시티, 해운대의 야경은 정말 아름답습니다.
세계에서 손꼽힌다는 홍콩 야경에 견주어도
절대 밀리지 않는다고 자신합니다.

- 이참(전 한국관광공사 사장)

부산에서는 꼭 요트를 타보자

요트는 부자들의 전유물인가? 그렇지 않다. 약간의 준비만 하면 누구든 즐길 수 있는 하나의 경험 매체다. 부산에서는 요트 경기장이나 더베이101, 다이아몬드베이 등에서 요트를 이용할 수 있다. 광안리 앞바다 혹은 이기대까지 돌아오는 코스나 용궁사 앞까지 멀리 도는 코스 등 다양하다. 비용도 사실 생각보다는 그렇게 비싸지 않다. 한번 시도해볼 만하다.

바다에서 도시를 보는 새로움

광안대교 교각 주변에 요트를 세워놓고 내가 살던 도시를 역으로 바라본다. 신선하면서 묘한 느낌이다. 붐비고 바삐 움직이는 도시의 레이어들이 영화의 스틸컷과 같이 겹쳐 보인다. 바다와 강, 하늘과 석양, 밤이 되면 별과 달까지 레이어가 겹친다. 도시의 불빛이 하나둘 들어오고 광안대교의 경관 조명이 켜지면 환상은 극대화되고, 바다 앞에 불쑥 솟아 오른 화려한 마린시티의 야경은 뭔가 뭉클함마저 불러일으킨다.

석양이 바다를 물들이는 순간, 바다 위에 머물러보자

요트에 그냥 둥둥둥 떠 있기만 해도 기분이 상쾌해진다. 일몰의 바다를 잔잔한 음악과 함께 보고 있노라면 마음이 정화된다. 요트에서의 시간을 좀 더 낭만적으로 기억하고 싶다면, 낚시나 족욕, 바비큐, 풍등 날리기, 이벤트 행사, 로맨틱 식사 등의 이색적 경험도 가능하다.

+Plus Good Tip

'한 번도 안 해본 사람은 있어도 한 번만 하는 사람은 없다'는 말이 있듯이 요트투어도 한 번 맛들인 사람은 특별한 날을 기념하고 싶을 때 자주 선택하게 되는 이벤트 중 이벤트다. 왜냐하면 일상을 타파할 수 있는 획기적이면서도 가장 손쉬운 방법이기 때문이다. 바다 위라는 특별함과 도시를 역으로 바라보는 조망, 그리고 고급문화로 여겨지는 요트라는 삼박자가 시너지를 가져온다. 그래서 기념일이나 프로포즈와 같은 특별한 이벤트 연출은 매우 성공적인 결과를 가져다준다. 감동의 물결이 최소 두 배에서 최대 열 배 정도까지는 더 크다고 단언한다.

#요트 #요트경기장 #더베이101 #다이아몬드베이 #마린시티

081

겨울 바다로 입수!
해운대 북극곰 축제

겨울 해운대 백사장에서
새해 결심을 다짐하며

글 송교성

세계적인 겨울 이색스포츠의 하나인 해운대 북극곰 축제는 매해 1월 초 진행되는데, 수많은 참가자가 새해 결심을 품고 바다로 뛰어든다. 관광객들도 덩달아 건강한 활력을 얻을 수 있는 축제다.

📍 짜릿하다 | 스릴있다 | 이색적이다

겨울 바다를 온몸으로 즐기다

부산의 겨울이 따뜻하다고 하지만, 그래도 바다의 매서움은 웬만하지 않다. 백사장에서 파도에 실려온 바람이 닿기만 해도 절로 부르르 몸이 떨리는데, 훌러덩 옷을 다 벗고 바다로 성큼성큼 북극곰처럼 뛰어들어 수영을 즐기는 축제라니! 그것도 무려 5천여 명의 사람들이!

북극곰의 기운을 받으며 시작하는 한 해

참가자들은 각자 새해의 결심을 다짐하기 위해 바다로 뛰어든다. 수많은 사람이 동시에, 자신의 결심을 차가운 겨울 바다로 담금질하는 모습을 보는 것만으로도 건강한 활력을 얻는다. 참가신청을 놓쳤어도 전야제와 체험 행사 등에 참여해보자. 특히 사전 공연은 입수 전에 몸을 녹이기 위하여 DJ 파티와 흥겨운 댄스 가수의 무대로 이루어지기 때문에, 관광객들도 덩달아 신나게 춤을 추며 축제를 즐길 수 있다.

영국 BBC 선정, 세계 10대 겨울 이색스포츠

2020년 33회를 맞이한 해운대 북극곰 축제는 BBC 선정 세계 10대 겨울 이색스포츠의 하나이다. 참가자들에게는 열정을 확인하는 계기를, 관광객들에게는 겨울 백사장에서의 이색적인 볼거리를 선사하는 부산의 대표적인 겨울 축제다.

+Plus Good Tip

참가비는 20,000원이며, 약 1~2개월 전에 미리 접수를 진행한다. 1km 동행 수영대회는 단체만 참가할 수 있다. 참가신청 및 자세한 내용은 인터넷 http://bear.busan.com에서 볼 수 있다.

#해운대 #겨울수영 #겨울바다

082

공원이 있는 경마장
렛츠런파크 부산경남

말 테마공원 렛츠런파크에서
승마 체험하기

글 송교성

렛츠런파크 부산경남은 도심과는 멀리 떨어져 있지만, 그만큼 탁 트인 공간에 넓게 조성된 공원이다. 경마장이 있는 곳이지만, 아이들과 함께 승마와 생태체험이 가능한 공원으로 가족 단위로 즐기기 좋다.

⭐ 즐겁다 | 상쾌하다 | 생태적이다

드넓은 공간에 있는 부산 렛츠런파크

한국마사회가 운영하는 렛츠런파크(Lets Run PARK)는 경마장과 함께 조성된 공원이다. 도심에서는 떨어져 있지만, 그만큼 드넓게 형성되어 있어서 놀 거리와 즐길 거리가 많다. 어른들의 세계인 경마를 할 수 있는 곳보다 아이들과 함께 승마와 생태 체험이 가능한 공원이 더욱 크게 형성되어 있다.

빅토빌리지에서 신나는 아이들

빅토빌리지는 다양한 공간으로 구성되어 있어 아이들에게 인기 만점이다. 숲 놀이터, 동물 모래 놀이터, 빅토의 정원 등등 아이들이 넓은 공간에서 충분하게 생태를 체험하기 좋다. 이밖에도 다양한 체험 거리와 산책로가 있어서 가족 단위로 즐기기 좋다. 말이 달리는 경마도 좋지만, 아이들과 함께 넓은 잔디 위를 신나게 직접 뛰어보는 것도 좋겠다.

+Plus Good Tip

주차장이 전체 4,700여 대를 수용할 수 있을 만
큼 아주 크면서 무료로 운영되어 이용하기가 편리
하다. 경마가 열리는 날에는 셔틀버스도 운행된다.
사상구 주례역, 사하구 하단역 등에서 탈 수 있고,
도시철도와 바로 연결되어 편리하다. 입장료는 경
마일에는 2,000원이지만, 경마가 없는 월~목요일
은 무료다.

#경마 #승마 #생태체험 #아이들과_놀기_좋은_곳

083

산꼭대기 작은 집의 대변신
이바구 캠프

이바구 캠프 옥상에서 알록달록
부산항 야경 보며 밤새도록 이바구해보자

글 이정임

산복도로의 낡은 집들을 민박집으로 바꾼 이바구 캠프. 자그마한 집들이 알록달록한 옷을 입고 모여 있다. 이바구 캠프 옥상에서는 부산 산복도로의 야경과 부산항의 절경을 한 눈에 즐길 수 있다.

📍 레트로하다 | 까리하다 | 신나다

어제의 기억이
오늘의 추억이 되는 순간을 경험해보자.
서로가 나누는 이야기가
그렇게 만들어줄 것이다.

산복도로 집이 지닌
이바구를 풀어내다

해방 이후 귀환동포, 한국전쟁 시기 피란
민, 산업화시대 공장 노동자까지 부산의
산복도로는 외부에서 찾아든 이들을 품어
낸 공간이다. 부산을 제2의 고향이라 여기
는 사람들은 산허리마다 빼곡히 들어찬 한
뼘 집을 일구어냈다. 그리고 시간이 흘렀
다. 그들이 키워낸 젊은이들은 산복도로
를 떠났고 집은 그들과 함께 낡아갔다. 낡
았어도 이곳이 지닌 이바구(이야기)는 무궁
무진했다. 산복도로의 이바구길은 그렇게
만들어졌다. 관할구청과 주민, 활동가들이
모여 마을기업을 설립했다. 산복도로가 지
닌 이야기를 발굴하고 관광상품을 개발해
서 지역경제 자립 기반을 만들었다.
산꼭대기의 낡고 빈 집들은 도시 민박촌으
로 탈바꿈시켜 '이바구 캠프'라는 이름으
로 문을 열었다. 그들의 이바구는 통했다.
2019년 행정안전부에서 주관하는 '우수마
을기업'에 선정됐다.

이바구캠프에서
내가 지닌 이바구를 풀어내다

멀리서 봐도 자그마한 집들이 알록달록한
색으로 옹기종기 모여 있다. 이곳에서 친
구, 연인과 내가 지닌 이바구를 풀어내보
자. 내 인생의 새로운 이바구가 추가되는
시간이다. 산꼭대기답게 이바구 캠프 옥상
에서는 부산 산복도로의 야경과 부산항의
절경을 한 눈에 즐길 수 있다. 특히 게스트
하우스는 구봉산 숲길로 이어져, 편백나무
숲에서 사색과 휴식을 맘껏 즐길 수 있다.
게스트하우스 외에 멀티 센터, 체크인 센
터, 예술공방 등도 함께 있다. 미리 신청하
면 옥상캠핑도 가능하다.

+ Plus Good **Tip**

- 옥상캠핑 운영시간: 17:00 ~ 22:00
- 이용금액: 음식포함 30,000원(1인)
  음식포함사항: 삼겹살, 쌈야채,
  김치, 반찬 등
  비포함 20,000원(1인)
  비포함사항: 테이블, 의자, 캠
  핑조리기구 등
- 최소 4인 이상부터 신청 가능
- 지역주민 할인: 동구민
  평일요금 50% 할인
- 전화: 051-467-0289

#민박 #게스트하우스 #산복도로_숲길

084

부산의 모든 텍스처를 내려다보는
파크하얏트부산

30층 라운지에서 특별한 날,
특별한 이에게 고백하기

글 이승헌

마린시티 초고층 빌딩의 내부를 체험한다. 최근 탑클라스 호텔들은 라운지를 탑층에 두는 경향이 있다. 숙박을 하지 않더라도 1층 현관으로 들어가 당당히 엘리베이터 타고 라운지로 올라간다. 고가의 커피를 시켜놓고 전망이 주는 황홀경을 만끽한다.

📍 황홀하다 | 내려다보다 | 고백하다

호텔 최고층의 라운지

불과 몇 년 사이에 부산의 도시 이미지에
일대 변혁을 가져온 마린시티. 초고층 빌
딩군 속에서도 그 형상이 가장 인상적인
아이파크. 요트의 돛을 형상화한 휘어진
통유리 건물들 중 전면의 한 동이 호텔 파
크하얏트부산이다. 일반적으로 1층에 있
는 호텔로비와 라운지가 여기는 오히려 최
상층으로 올라가 있다. 멋진 조망을 제공
하기 위한 역발상의 선택이다.

거친 파도도 바람도 잠시 멈춤 상태

30층의 라운지에는 곡면 유리를 따라 모
든 테이블이 외부 조망이 가능하도록 배치
되어 있다. 어디에 앉든 뷰는 황홀하다. 광
안대교를 이만큼 멋지게 볼 수 있는 자리
가 또 있을까. 바다의 거친 너울도 여기서
는 지극히 정적으로 다가온다. 저 멀리 산
들이 앞서거니 뒤서거니 중첩되어 보이고,
그 사이를 비집고 들어앉은 도시의 전경
이 눈에 들어온다. 각도를 조금 달리하면
수영강과 센텀시티가 보이고, 바로 아래로
요트경기장에 정박해 있는 요트들이 자유
로이 보인다.

광안리 야경을 보는 최고의 장소

해 질 녘 조망은 정말 감탄을 연발하게 한
다. 노을 진 하늘 아래 광안대교의 형형색
색 경관조명이 켜지고, 도심에 하나둘 어
스름 불빛이 밝혀지는 장면은, 잘 만든 그
어떤 낭만적 영화와도 비견할 만하다. 차
한 잔 마시며 한참을 넋 놓고 바라본다.
31층 리빙룸에서 반가운 이와의 운치 있는
저녁만찬은 인생에 한 획을 긋는 추억거리
를 만들어줄 것이다. 숙박을 하는 것도 좋
은 선택이다. 밤낮으로 조망이 너무나도
만족스럽다보니 그냥 호캉스로 시간을 보
내어도 무방하다.

+Plus Good Tip

마린시티의 해안산책로를 한 바퀴 걸어보자. 호텔
길 건너편에 영화의 거리 입간판이 있는 곳에서 출
발한다. 산토리니광장에는 스파이더맨 조각과《별
에서 온 그대》스타의 핸드프린팅이 있다. 인증샷
을 하나 찍고 천천히 흰벽을 따라 걷는다. 쌓여 있
는 테트라포트 너머로 광안대교와 이기대, 저멀리
오륙도도 보인다. 바다에는 흰 요트나 세일링 보트
가 한가로이 떠 있다. 길을 따라 걷다 보면 부산 로
케이션 영화들의 반가운 스틸컷들이 눈에 들어온
다. 한참 걷다 보면 바다를 조망하면서 식사할 수
있는 맛집들이 있고, 마지막으로 건너편 동백섬과
더베이101에서 짧은 산책을 끝낼 수 있다.

#아이파크APT #마린시티 #영화의거리 #동백섬
#더베이101

Part.6 한 입, 한 입,
또 다시 부산과 사랑에 빠지다

모금 모모스커피

웨이브온커피

신기산업

백제병원(브라운 핸즈 카페)

자연활어 수정궁

남천동 빵집거리

포장마차 투어

카페, 더팜471

초량1941

내호냉면과 우암소막마을

삼진어묵체험역사관

메르씨엘

돼지국밥

전포카페거리

금정산성 막걸리

수제 맥주

완당 투어

085

세계 챔피언 바리스타의 열정 한 모금
모모스커피

부산을 커피의 도시로 만들어 보겠다는
꿈이 담긴 대단한 카페

글 이정임

모모스커피는 커피 원두 구매부터 로스팅, 커피 판매까지 모두 일괄적으로 운영하는 기업체다. 세계 커피업계에서 최고 권위를 인정받는 월드 바리스타 챔피언십에서 한국인 최초로 우승을 차지한 바리스타 전주연(32) 씨가 근무하고 있다.

📍 핫하다 | 까리하다 | 리드하다

월드 챔피언의 커피

부산은 커피를 즐기기 좋은 도시다. 산, 바다, 강 등 근사한 풍광을 바라보며 커피 한 잔의 여유를 가질 수 있다. 최근 부산시는 부산만의 독특한 문화를 담은 지역별 카페 투어 코스를 개발하기 위해 '로맨틱 부산, 낭만카페 35선'을 선정했는데 금정구 모모스커피가 그중 한 곳이다. 지하철 온천장역 2번 출구 앞에 매장이 있다. 매장 옆에 산, 바다, 강이 있느냐고? 물론 모두 없다. 하지만 다른 카페에 없는 것이 있다. 마당에는 작은 대나무정원이 있고 매장 안에는 월드 챔피언 바리스타가 있다. 세계 커피 업계에서 최고 권위를 인정받는 월드 바리스타 챔피언십에서 2019년, 한국인 최초로 우승을 차지한 바리스타 전주연(32) 씨는 이곳의 이사 겸 바리스타로 근무한다. 그녀의 우승 이후 하루 방문객이 200명 정도 늘어 매일 1,000여 명이 온다고 한다.

느린 핸드드립의 시간

온천장역 2번 출구를 나서면 맞은편에 모모스커피가 있다. 요즘 거대 커피숍은 현대화된 건물을 자랑하는데 이곳은 다르다. 나무문 사이로 대나무가 보이고 십이지신 석상이 자갈 깔린 마당 양옆으로 서 있다. 입구 문에는 당일 근무자들이 어떤 업무를 맡는지 나온다. 그것을 참고로 월드 챔피언의 커피를 마셔보도록 하자. 핸드드립을 챔피언이 직접 내리지 않는다고 해도 실망하면 안 된다. 원두 선별 작업과 로스팅까지 매장의 모든 곳에 챔피언의 열정은 담겨 있다. 방문객이 많아도 핸드드립은 포기할 수 없다. 이곳에서는 시간 계산은 느리게 하자. 십여 분 기다리면 예쁜 잔에 담겨 나오는 핸드드립 커피 맛이 일품이다. 카페 안에는 베이커리, 여러 기념품과 커피 관련 용품도 판매하고 있으니 그것을 둘러보는 재미도 쏠쏠하다.

#모모스커피 #월드챔피언 #바리스타 #원두구매

086

벽돌에 새겨진 100년의 시간
백제병원(브라운 핸즈 카페)

100년 된 백제병원
붉은 벽돌에 기대어 차 마시기

글 이정임

백제병원은 일제강점기에 지어진 부산 최초의 근대식 종합병원이다. 루머와 운영 적자 문제로 문을 닫고 이후 중화요리집 봉래각, 중화민국 영사관, 대사관, 일본 부대 장교 숙소, 예식장 등으로 변신했다. 현재 카페로 재단장한 이곳에서 커피를 마시며 건물이 겪은 파란만장한 100년의 시간을 상상해볼 수 있다.

📍 애잔하다 | 투박하다 | 빈티지하다

부산 최초 근대식 개인 종합병원

백제병원(현재 브라운 핸즈 건물)은 최용해라는 사람이 1927년 개원한 부산 최초의 근대식 개인 종합병원 건물이다. 병상이 40여 개에 달했다고 하니 당시에는 큰 병원이었다. 당시 부산부립병원, 철도병원과 함께 지역의 중요한 의료기관 건물로 근대 의료사적으로 가치가 있다. 두 개의 동이 하나로 합쳐진 건물은 내부 평면이 사각형, 마름모꼴 형태의 다양한 방으로 구성되어 있으며 최초 건립되었던 1, 2, 3층에는 목조계단과 장식, 디테일 등 목재로 마감된 원형이 잘 남아 있다.

파란만장한 건물의 역사

일을 벌이기 좋아하는 최용해의 성품과 실제 인체 표본을 병원에 두었다는 루머가 파장을 일으켜 당시 39세의 최용해는 일본인 부인과 일본으로 야반도주하고 병원은 폐업했다. 그 뒤 봉래각이라는 중화요리점이었다가, 부산에 주둔한 일본군 장교 숙소로 사용되기도 했다. 1950년 대만의 임시 영사관 및 대사관이 되었다가 개인에게 매각 후에는 예식장 등 여러 용도를 거쳤다. 1972년 화재로 건물 내부를 수리한 후 일반상가로 사용되어왔다. 여러 굴곡을 겪었지만 건물은 헐리지 않고 꿋꿋하게 살아남았다. 그 덕에 2014년 부산광역시 등록

문화재 제 647호로 선정되었다. 현재는 내부를 리모델링해 브라운 핸즈 카페와 갤러리가 자리 잡았다.

거친 벽에 스며든 100년의 시간

건물 곳곳에서 느껴지는 세월의 흔적이 멋스럽고 운치 있다. 브라운 핸즈 내부에 들어서면 기본 골조를 살린 거친 벽면과 높은 천장을 만날 수 있다. 이곳의 커피를 마시며 100년 된 벽돌을 보자. 거친 굴곡 속에 살아남은 건물의 생명력을 느껴보자.
2층으로 올라가면 갤러리 펀몽을 만날 수 있다. 액자, 머그컵부터 도장, 다포 등 여러 가지 디자인 소품들이 관람객을 맞이한다. 즉석에서 구매할 수 있다.
커피를 마신 후에는 2층 갤러리를 꼭 둘러보도록 하자.

✛Plus Good Tip

- 주소: 부산광역시 동구 초량동 467
- 영업시간: 오전 10시 – 밤 11시

#브라운핸즈 #최초근대식종합병원 #갤러리 #펀몽

087

발걸음을 붙잡는
부산 포장마차 투어

바다가 있는 곳에 판을 벌인
포장마차의 개성을 느껴보자

글 송교성

부산의 포장마차 거리는 지역별로 특징이 뚜렷하다. 영도 초입의 포장마차 거리는 밤바다와 정박한 배들 사이 운치 있는 포장마차다. 남포동 포장마차는 아담하고 긴 의자로 구성된 전통적인 포장마차다. 해운대 포장마차는 안주로 랍스터 코스가 준비된 부산에만 있을 법한 포장마차다. 가볍게 한잔하며 옆 사람과 유쾌하게 잔을 부딪쳐보자.

📍 친근하다 | 유쾌하다 | 복고적이다

마니아가 찾는
영도의 포장마차

가장 부산다운 포장마차는 영도 초입의 포
장마차 거리다. 선박들이 늘어선 물양장
옆이라, 밤바다와 정박한 배들을 보며 한
잔 기울이기 좋다. 규모도 크지 않고, 도심
에서 조금 떨어져 있지만, 포장마차 마니
아들은 늘 찾는 곳이다. 이곳은 퇴근해서
영도를 빠져나가기 전 마지막으로, 퇴근해
서 영도로 들어오면서 한잔하는 곳으로 오
랜 시간 영도의 입구를 지켜온 곳이다. 요
즘은 주변에 호텔들이 들어서면서 관광객
들도 많이 찾고 있다.

랍스터가 포장마차 안주라니,
아이러니하지만 안 될 이유 또한 없다

부산에만 있을법한 포장마차는 해운대 포
장마차 촌이다. 해운대해수욕장 뒤편에 형
성된 이곳은 부산국제영화제 때 연예인들
이 많이 방문하는 것으로 유명해졌다. 최
근에는 안주로 랍스터 코스를 취급하면서
더욱 유명해지고 있다.

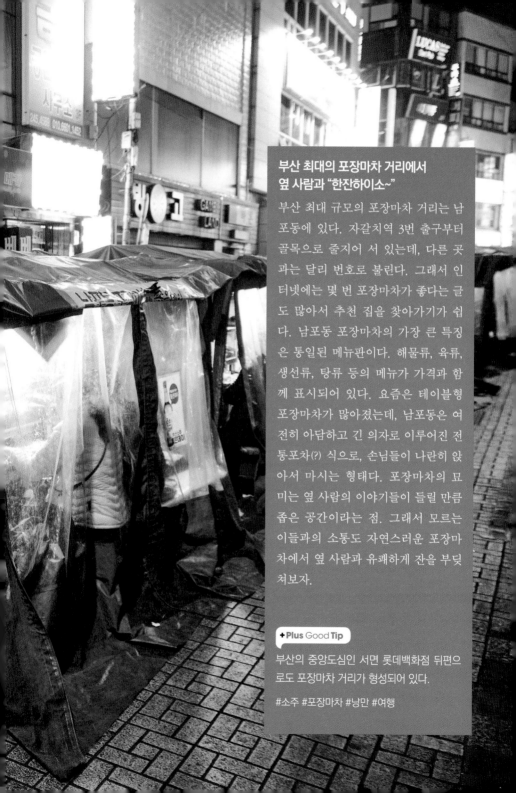

부산 최대의 포장마차 거리에서
옆 사람과 "한잔하이소~"

부산 최대 규모의 포장마차 거리는 남포동에 있다. 자갈치역 3번 출구부터 골목으로 줄지어 서 있는데, 다른 곳과는 달리 번호로 불린다. 그래서 인터넷에는 몇 번 포장마차가 좋다는 글도 많아서 추천 집을 찾아가기가 쉽다. 남포동 포장마차의 가장 큰 특징은 통일된 메뉴판이다. 해물류, 육류, 생선류, 탕류 등의 메뉴가 가격과 함께 표시되어 있다. 요즘은 테이블형 포장마차가 많아졌는데, 남포동은 여전히 아담하고 긴 의자로 이루어진 전통포차(?) 식으로, 손님들이 나란히 앉아서 마시는 형태다. 포장마차의 묘미는 옆 사람의 이야기들이 들릴 만큼 좁은 공간이라는 점. 그래서 모르는 이들과의 소통도 자연스러운 포장마차에서 옆 사람과 유쾌하게 잔을 부딪쳐보자.

+Plus Good Tip

부산의 중앙도심인 서면 롯데백화점 뒤편으로도 포장마차 거리가 형성되어 있다.

#소주 #포장마차 #낭만 #여행

088

부산 밀면의 시작
내호냉면과 우암소막마을

밀면으로
역사를 맛보다

글 송교성

밀면의 성지 부산 최고(最古)의 식당은 내호냉면이다. 고향을 그리워하며 만든 가게 이름만큼, 그리움을 맛볼 수 있다. 밀면 한 그릇으로 지나온 시간을 만나는 일은 색다르다. 식사 후에는 우암소막마을을 거닐며 근대 역사를 체감해보자.

📍 그립다 | 맛있다 | 전통이 있다

> "부산 밀면은 서민들의 주린 배를
> 간편하게 채워주는 소박하지만 아주 맛있는 분식 선물세트 같은 느낌."
>
> - 〈맛있는녀석들〉, 98회 부산 특집 밀면 편, 내호냉면에서

부산 밀면의 시작점

밀면의 성지 부산에서 가장 맛있는 최고(最高)의 맛집을 추천하기는 어렵지만, 가장 오래된 최고(最古)의 식당은 말할 수 있다. 남구 우암동의 내호냉면이다. 1919년부터 시작되어 2019년 100년이 된 내호냉면은 부산 밀면의 원조, 발상지라 불린다. 함경남도 흥남부 내호리에서 동춘면옥이라는 냉면집을 하다가 6.25전쟁 때에 부산으로 피란와서 고향을 그리워하며 시작했다.

고향의 맛, 내호냉면

밀면은 냉면이 먹고 싶었지만, 메밀을 구하기 어려운 전쟁 통에 구호물자인 밀가루로 만들어 냉면 대용으로 먹기 시작한 것이 시작이다. 그래서 원조라 불리는 내호냉면의 밀면은 냉면에 가까운 초창기 밀면의 맛이라고 한다. 내호냉면으로부터 시작되어 현재 수백 개에 이르는 부산의 밀면은 대개 좀 더 맵고 단 맛이 강한 편이다. 그래서 피란민들은 내호냉면에서 고향을 맛본다고 표현한다. 밀면 한 그릇으로 지나온 시간을 만나는 것이다. 반드시 박물관을 가야만 오래된 역사를 체험하는 것이 아니다. 도시 곳곳에는 늘 오래된 시간이 현재의 사람들을 기다리고 있다.

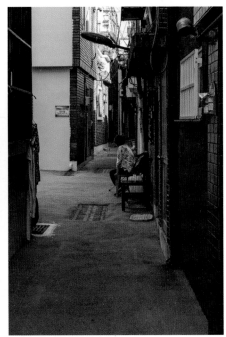

우암소막마을에서 만나는 근대 역사

내호냉면이 위치한 우암동은 개항 이후 일본으로 수출되는 소를 검역하기 위한 터가 있던 곳이다. 이후 피란민들이 정착하며 소 움막을 주택으로 개조하거나 무허가 판잣집을 만들어 다닥다닥 붙어살면서 형성된 마을이다. 내호냉면이 위치한 시장 골목 주변과 산 쪽으로는 여전히 그 흔적들이 가득 남아 있다. 밀면 한 그릇과 함께 근대역사의 한 가운데로 들어가 보자.

+Plus Good Tip

내호냉면은 우암 골목시장 속에 있는데, 밀면이 유행하는 한여름에는 대기 줄이 길어서 먹기가 쉽지 않다. 그리고 인근에 주차시설이 부족하여 주차하기도 쉽지는 않다. 될 수 있는 대로 대중교통을 이용하는 것이 좋다. 식사 후에는 부산항이 한눈에 내려다보이는 우암동 도시숲 산책을 강력하게 추천한다.

#밀면 #원조 #우암동 #소막마을 #우암동도시숲

089

피란민의 애환을 담은
부산표 돼지국밥

토렴을 통해 육수에 들어간 고기가 밥과 하나로 포용되는
서민음식 즐기기

글 이정임

돼지국밥은 역사가 길지는 않지만 부산의 대표음식으로 알려졌다. 부산 특유의 개방성과 포용, 야성을 닮은 음식이라 그럴 것이다. 고기가 많고 술과 잘 어울려 가성비 갑의 음식이다.

📍 진하다 | 포용하다 | 어우러지다

야성을 연마하려고
돼지국밥을 먹으러 간다.

- 최영철 시인의 〈야성은 빛나다〉 중에서

야성을 연마하려고 먹는 음식

'부산의 음식' 하면 대부분 돼지국밥을 떠올린다. 돼지국밥은 설렁탕과 다르게 '국물 반 고기 반'의 '가성비 갑' 음식이자 소주를 곁들이기 좋아 식사와 안주를 동시에 삼을 수 있다. 이런 이유로 서민이 주로 찾는 음식이 되었다. 국밥 레시피는 식당마다 다른데 사골육수와 고기육수에 따라 종류가 다양하다. 이렇게 돼지국밥은 부산 서민의 음식이자 부산 특유의 개방성과 포용, 야성까지 담은 음식이다. 이 매력은 먹어본 사람만 알 수 있다.

부산 돼지국밥의 역사

부산에서 분식집만큼 많은 부산돼지국밥의 역사는 오래되지 않았다. 이미 밀양에는 1940년대부터 돼지국밥 식당들이 있었지만 부산의 돼지국밥은 한국전쟁과 이북 피란민들의 영향으로 생겨났다. 〈수요미식회〉에 나와 유명해진 할매국밥은 평양 출신 최순복 씨가 1956년 범일동 옛 삼화고무 공장 앞에 문을 열었다. 맑은 국물로 유명한 신창국밥은 서혜자(79) 씨가 1969년 국제시장에서 순대국밥 하던 이북 할머니를 어깨 너머로 보고 간판도 없는 국밥집 문을 열었다. 이후 사람과 물자가 오가는 시장과 교통 요지를 거점으로 부산 전역에 국밥집이 생겼는데, 피란민이 생필품을 거래하던 부평깡통시장, 조방 앞, 서면시장 등지에서 돼지국밥 노포를 볼 수 있다.

부산여행 계획하고 계신가요?
고슬한 밥과 돼지고기가 송송 담긴 뽀얗고 뜨끈한 국물에
다대기와 부추, 소면, 새우젓을 곁들여
숟가락으로 솔솔 섞어 한 입~ 돼지국밥 한 그릇 드시고 가세요.

- 문재인 대통령. 2014년 사상구 의원시절 트위터

부산 돼지국밥의 전도사들

허영만의 요리 만화《식객》15권에는 돼지
국밥을 '부산 사람에게 향수 같은 음식', '비
포장도로를 달리는 반항아 같은 맛'으로 소
개했는데 만화의 배경이 된 조방 앞(범일동)
마산식당은 금세 유명해졌다. 2013년 12월
개봉한 영화 〈변호인〉은 노무현 전 대통령
과 부산 부림 사건이라는 실화를 바탕으로
만들었는데, 변호사가 단골 돼지국밥집 아
들의 시국 사건을 맡는다는 내용이었다. 부
산 출신 연예인, 정치인들의 돼지국밥 사랑
도 크다. 문재인 대통령은 대통령 취임 후
인 2018년 3월에 부산항 행사에서 항만 노
동자들과 돼지국밥으로 오찬을 하고 "돼지
국밥은 부산이 제일"이라고 말했다. 2014년
의원 시절에는 트위터에 지역구인 사상구
돼지국밥 지도를 공유하며 부산 돼지국밥
전도사를 자처한 일도 있다.

+Plus Good **Tip**

부산일보 홈페이지에서 부산 돼지국밥의 자세한
정보를 소개하고 부산의 유명한 돼지국밥 30곳의
지도를 만들어 배포하고 있다. 육수베이스, 가격,
거리 등 자신의 국밥 선호 방식을 반영하여 적당한
국밥을 찾아보자. 관련 기사를 먼저 읽고 가까운
국밥집을 체크해서 방문하면 된다.

#물반고기반 #정구지 #야성 #한국전쟁
#이북음식영향

090

부산에서 맛보는 맥주의 참맛
부산의 수제 맥주

수제 맥주의 성지 광안리에서
부산페일에일 마시기

글 송교성

몇 년 전만 하더라도 국내에서 맥주 맛은 획일적이었다. 최근 다양한 맛과 향의 맥주가 소비자들에게 선보이고 있다. 그리고 그 중심에 부산이 있다. 부산 광안리의 갈매기브루잉과 고릴라브루잉은 원조 격으로 미국식 맥주, 영국식 맥주를 맛볼 수 있다. 맛의 지방자치를 실현하는 수제맥주를 성지, 부산에서 즐겨보자.

📍 새롭다 | 독창적이다 | 짜릿하다

밀면, 돼지국밥,
그리고 수제 맥주

수제 맥주가 인기다. 맥덕(맥주 덕후)들은 돼지국밥, 밀면과 함께 부산을 대표하는 먹거리로 수제 맥주를 포함해야 한다고 주장한다. 이미 부산은 수제 맥주의 성지라고 불리고 있다. 관광객뿐만 아니라 비즈니스를 위한 외국인의 유입이 많고, 늘 새로운 문화에 열려 있는 항구도시 특유의 정서 덕분에 수제 맥주 양조장(브루잉, Brewing)을 갖춘 펍들이 빠르게 자리를 잡았다. 부산을 연고로 하는 수제 맥주는 갈매기브루잉, 고릴라브루잉, 부산맥주, 쓰리몽키즈, 와일드웨이브, 프라하993, 허심청브로이, 테트라포드, 핑거크래프트 등이 있다.

광안리에서 만나는
미국식 전통 에일 맥주와 영국식 수제 맥주

그중에서 부산 광안리의 갈매기브루잉과 고릴라브루잉은 원조 격이다. 부산에 사는 캐나다, 미국 출신 외국인들이 처음 시작한 갈매기브루잉은 2014년부터 시작되었다. 부산 최초로 미국식 전통 에일 맥주를 선보였다. 고릴라브루잉은 영어 강사로 한국에 온 영국인이 2015년 문을 연 곳으로 영국식 수제 맥주를 지향한다.

부산시와 북구청이 개최한 2019 부산국제 수제맥주 마스터스챌린지에서 고릴라브루잉의 부산페일에일이 자유출품 위너로 선정됐다.

만약 수제 맥주 샘플러를 주문했다면,
비교적 가벼운 것부터 무거운 순서로 마셔야
최대한 본연의 맛을 느낄 수 있다.

- 101가지 시민발굴단 홍수지

맥주로 시작되는 문화의 지방자치

몇 년 전만 하더라도 국내에서 맥주는 몇
몇 기업이 독과점한 획일적인 맛에 불과했
다. 와인이나 위스키처럼 맥주 본연의 맛
을 끌어낸 다양한 맛과 향의 맥주가 소비
자들에게 선보이는 것은 사회적으로도 의
미 있는 일이다. 맛의 지역성, 문화의 지방
자치를 실현하는 수제 맥주를 성지, 부산
광안리에서 즐겨보자.

+Plus Good **Tip**

해변의 번잡함을 피해서, 조용하게 광안리 바다를
바라보며 수제 맥주를 마시고 싶다면 솔탭하우스
를 가보자. 해변의 4층에 있는 이곳은 15가지의
선별된 수제 맥주를 보유한 탭하우스다. 갈매기브
루잉, 고릴라브루잉도 준비되어 있다.

#수제맥주 #부산페일에일 #광안비어 #브루잉

091

어느 자리든 조망 갑
웨이브온커피

야외데크 빈백에 반쯤 기대 누워
찬란한 은빛 감상하기

글 이승헌

야외 목재데크나 루프탑 파라솔 아래도 좋고, 2층 통유리창 앞 테이블도 좋다. 흐린 날이라 하더라도 실망할 필요는 없다. 흐린 날에는 창에 걸린 바다 풍광이 마치 수채화처럼 변신하기 때문이다. 군더더기 없이 담백한 내부공간의 매력은 사람이 적은 아침 시간에만 맛볼 수 있다.

📍 취하다 | 멍때리다 | 담백하다

하늘과 바다만 보고 있으면
내가 정말 원하는 것들이 고개를 숙인다.
아무것도 아니라고……

- 101가지 시민발굴단 경험 후기

가끔은 시간도 버려보자

일상이 왜 이리도 바쁠까? 첨단의 휴대폰에, 빅데이터들이 넘쳐나는 시대임에도, 시계는 항상 바쁘게만 돌아가고 있다. 가끔은 시간 버리기를 해야 한다. 아무짝에도 도움이 되지 않는 데 에너지를 쓰느니, 그냥 아무 짓 하지 않고 멍하니 시간을 갖는 것도 때로는 유익하다. 그러기에 안성맞춤인 곳이 여기다. 기장에 있어 부산 시내에서 가는 길이 조금 멀긴 하지만, 바닷가 드라이브 길이 워낙 좋으니 용서하자.

반쯤 널브러져 누워도 어색하지 않아요

어느 자리를 택하든 바다가 보인다. 툭 트인 망망대해는 복잡하고 무거운 마음을 단박에 녹인다. 어깨를 누르던 피로 덩어리들도 잠깐 내려와 준다. 그러니 자세는 최대한 편하게 취해야 한다. 널브러지면 더 좋다. 이미 많은 사람이 1층 야외데크에 놓여 있는 썬베드와 빈백에 몸을 반쯤 뉘어 앉아 있다. 어색해하지 말고 그 옆에 한자리 차지하고서 잔잔한 음악이라도 들어보자.

명품 공간, 명품 조망

건물 외양은 역동적인데 비해 내부 공간
은 대단히 담백하다. 수평, 수직으로 뻥 뚫
린 공간 구조에, 군더더기 없는 인테리어
로 절제되어 있다. 창 너머로 보이는 푸른
바다와 건물 주변 해송들이 어우러져서 공
간은 더욱 품격을 가진다. 비오거나 흐린
날에는 창이 정말 한폭의 수채화로 변신한
다. 공간이 주는 명품스러움으로 인해 함
께 앉아 있는 사람들의 표정이 다 행복해
보인다.

루프탑에 올라 하늘 아래 아무런 욕심이 없이 바다
를 대면하고 있노라면, 뭔가 심오한 결의 한 흐름
이 나에게로 스며드는 것을 느낀다. 혼미한 정신을
좀 차리려고 옥상 아래를 내려다보는데, 또 다른
진기한 광경이 눈길을 사로잡는다. 카페 바로 옆
푸른 잔디밭 위로 여러 대의 카라반이 해송들 사이
사이에 세워져 있는 것이 아닌가. '감성 카라반 캠
핑'을 캐치프레이즈로 내세운 이색 숙박공간이다.
기장의 이 멋진 풍광과 함께 낭만적인 하룻밤을 여
기서 보내는 건 어떨까.

#기장 #동해바다 #곽희수 #임랑해수욕장 #카라반

092

고집스러운 품격과 전통의 맛
자연활어 수정궁

귀한 이에게 품격 있게
살아 있는 부산의 맛을 대접해보자

글 송교성

화려한 광안리 해변의 건물들 사이, 묵묵하게 서 있는 수정궁은 소품 하나까지 정성스럽고 섬세하게 다듬어진 곳이다. 전통과 품격, 살아 있는 바다의 맛을 고집하는 수정궁은 정갈하게 회를 먹기에 좋다. 부산의 깊은 맛을 수정궁에서 맛보자.

📍 격식 있다 | 품격 있다 | 고급스럽다

수정궁에서는
눈부시게 반짝이는 광안리의 정취와
한국 전통의 이미지, 생선회의 깔끔하고 감치는 맛,
그리고 와인의 깊은 향을 함께 느낄 수 있다.

- 다이내믹 부산 홈페이지. '부산의 맛 여행' 기사

묵묵한 고집

수정궁은 고집스럽다. 현무암으로 검게 외벽이 이루어진 수정궁은, 관광객을 유혹하기 위해 온갖 화려한 조명과 간판으로 얼룩진 광안리 해변의 건물들 사이에서도, 늘 묵묵하게 서 있다. 가볍게 변하는 세태들 속에서 외벽은 물론 내부 인테리어와 가구와 그릇, 소품 하나까지 섬세하게 다듬어, 전통과 품격을 고집한다. 객실의 이름도 해아래, 달아래, 해오름, 달오름과 같이 우리말로 지었다.

살아 있는 바다의 맛을 맛보다

이 때문에 많은 사람이 고급 일식집으로 생각하지만, 한국식 횟집으로써 40년 넘게 청정 활어만을 고집한다. 생선회 애호가를 위해 돌돔 등 가장 좋은 계절 횟감을 다양한 해물 요리와 함께 낸다. 살아 있는 바다의 맛, 전통의 깊은 맛이라는 비전을 가진 횟집이다.

상견례에 좋은 횟집

회를 즐긴다면, 싸고 풍성하고, 왁자지껄
한 분위기가 떠오른다. 특히 부산의 횟집
들은 여럿이 모여 푸짐하게 먹는 방식에
특화되어 있다. 그래서 정갈하거나 품격
있는 분위기에 어울리는 식당을 생각할 때
면 횟집보다는 늘 고급 일식집이 추천된
다. 수정궁은 질 좋은 회로 귀한 이를 대접
하기에 안성맞춤이다. 코스로 먹을 수 있
고 개별객실로 이루어져 있어 상견례와 같
은 조용한 모임 장소로 좋다. 또한, 연회실
도 있어 바다를 풍경으로 피로연이나 돌잔
치 같은 모임도 적합하다. 수정궁의 이름
은 동구의 수정동에서 유래한다. 부산의
역사를 담은 이름처럼, 부산의 깊은 맛을
귀한 이에게 대접해보자.

+Plus Good Tip

일식집과 횟집은 다르다. 수정궁을 일식집으로 생
각하는 사람들이 많다. 그러나 수정궁은 횟집이다.
싱싱한 활어를 다루는 한국식의 생선회는 숙성한
선어를 조리하는 일본과 차이가 있다. 쫄깃한 육질
과 특유의 감칠맛을 가지는 것이 활어회의 특징이
다. 아울러 회와 함께 나오는 직접 담근 김치와 생
선조림, 튀김과 계절에 따라 변하는 후식을 꼭 맛
보자.

#광안리 #활어회 #수정동 #상견례 #횟집 #품격

093

금정산을 품어버린 카페
더팜471

차경효과의 창을 통해
계절과 시간의 변화를 읽기

글 이승헌

금정산 자락 하마마을에 생긴 핫플레이스 카페. 천년고찰 범어사를 구경하고, 잠시 쉬었다 가고자 한다면 반드시 여기를 들러야 한다. 양귀비 컬러의 외관과는 달리, 실내는 농가 분위기의 공간으로 아주 편안한 친근감이 스민 곳이다. 창에 걸린 바깥 풍광은 마음에 위안을 준다.

📍 친근하다 | 담아내다 | 그윽하다

"카페 손님들이 자연의 혜택을 함께 누리는 모습을 보는 것도 좋지만,
가족이나 일행끼리 주변의 밭을 둘러보며
농촌에서의 어린 시절을 회상하는 이야기를 들을 때면
공유할 추억거리 하나를 제공한 것 같아 보람을 느낀다."

\- 이용희. 금양케미칼 대표 겸 더팜471 설립자

세련된 농가 분위기 카페

초록이 우거진 산속 오솔길 끝자락에 붉은
외피의 건물이 느닷없이 나타난다. 금정산
과 범어사의 깊은 신비와 고답함에 새로운
색을 입혀놓은 것 같다. 세련되면서도 생
경한 형태의 산속 카페는 농가의 콘셉트으
로 실내를 꾸밈으로써 오히려 주변 환경을
끌어안는 매우 친근한 공간으로 정의되었
다. 목재 서까래나 기둥, 자연미가 느껴지
는 박석들, 어느 농가의 창고에서나 볼 법
한 도구들을 소품으로 연출해놓았다. 따스
함의 정서로 인해 오랜 시간 자리를 뜨지
못하게 한다.

차경이 열일을 하다

앉는 자리마다 창은 주변의 경치를 담아내
기에 가장 적합한 크기와 높이로 설정되어
있다. 전면창으로는 봄에 청보리밭의 초록
이 물들고, 후면창으로는 금정산 가을 낙
엽의 정취를 고스란히 담아낸다. 바쁘디
바쁜 현대인의 시간 속에서 느리게 흘러가
는 자연의 풍요는 잠시나마 마음의 위안으
로 다가온다. 풍경의 느린 시계를 보면서
잠시 쉬어가기 딱 좋다.

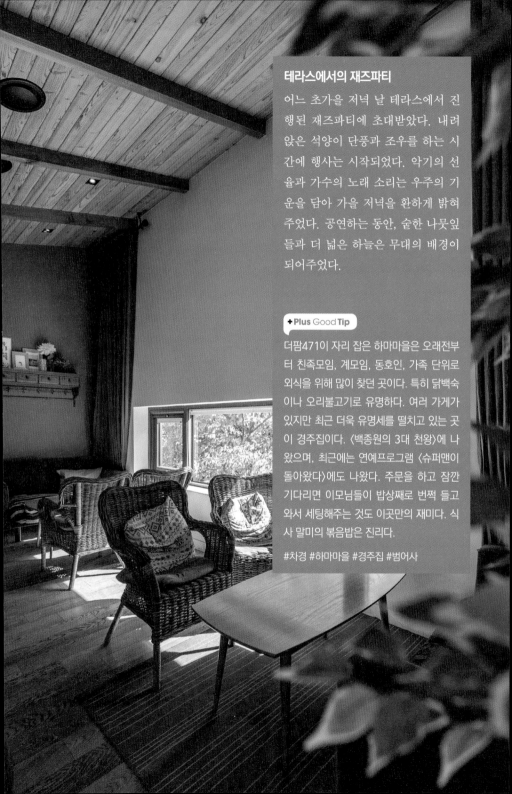

테라스에서의 재즈파티

어느 초가을 저녁 날 테라스에서 진행된 재즈파티에 초대받았다. 내려앉은 석양이 단풍과 조우를 하는 시간에 행사는 시작되었다. 악기의 선율과 가수의 노래 소리는 우주의 기운을 담아 가을 저녁을 환하게 밝혀주었다. 공연하는 동안, 숱한 나뭇잎들과 더 넓은 하늘은 무대의 배경이 되어주었다.

+Plus Good **Tip**

더팜4711이 자리 잡은 하마마을은 오래전부터 친족모임, 계모임, 동호인, 가족 단위로 외식을 위해 많이 찾던 곳이다. 특히 닭백숙이나 오리불고기로 유명하다. 여러 가게가 있지만 최근 더욱 유명세를 떨치고 있는 곳이 경주집이다. 〈백종원의 3대 천왕〉에 나왔으며, 최근에는 연예프로그램 〈슈퍼맨이 돌아왔다〉에도 나왔다. 주문을 하고 잠깐 기다리면 이모님들이 밥상째로 번쩍 들고 와서 세팅해주는 것도 이곳만의 재미다. 식사 말미의 볶음밥은 진리다.

#차경 #하마마을 #경주집 #범어사

094

어묵공장의 새로운 버젼
삼진어묵체험역사관

어묵케이크 쿠킹클래스
체험 프로그램 신청하기

글 이승헌

젊은 마케팅으로 어묵제품의 브랜딩에 성공 신화를 만들어낸 곳. 베이커리와 같은 진열방식, 정결한 제조과정을 보여주는 통유리 주방, 체험과 전시를 통한 스토리텔링, 그리고 어묵고로케라고 하는 신제품의 출시. 참신한 기획을 바탕으로 하는 새로운 유형의 어묵공장이 탄생했다.

📍 참신하다 | 투명하다 | 추억을만들다

"이 사업을 하면서 가치를 만들며 인정받는 게 무엇보다 즐겁다.
삼진어묵이라는 회사가 산업과 나라에
조금씩 기여하는 바가 생긴다는 사실에 큰 만족감을 느낀다.
앞으로도 더 가치 있는 일을 많이 해서 더 많은 사람,
전 세계인들에게 우리의 고유문화를 알리겠다."

- 박용준. 삼진어묵 대표

참신한 기획이 만들어낸 공간

삼진어묵은 우리나라 어묵제조 산업을 일
순간에 업그레이드 했다. 이전까지만 해도
시장통에서 만드는 어묵에 대해 청결하지
못하다는 인식이 있었다. 기업 3세의 참신
한 아이디어를 바탕으로 오랫동안 사용하
지 않던 영도의 어묵공장을 리모델링했다.
어묵 제조과정을 볼 수 있도록 과감하게
통유리를 끼웠다. 여러 식자재와 결합한
80여 종의 어묵을 만들어 이름을 붙이고
빵집과 같은 진열방식을 도입하였다. 즉석
으로 만들어내는 어묵고로케를 위한 코너
도 만들었다.

반응은 폭발적이었다. 반찬용이거나 길거
리 음식으로 알았던 어묵이 빵처럼 간식용
으로 팔리기 시작했다. 부산역에 한때 어
묵매장 앞 긴 대기줄로 인해 어리둥절한
진풍경이 펼쳐지기도 했었다. 어묵이 백화
점에 입점하더니, 도시 곳곳에 전문 브랜
드샵들도 생겨났다.

어묵만들기 체험

삼진어묵 체험역사관의 2층에서 어묵만들기 체험이 가능하다. 사전 예약 혹은 선착순 현장접수로 참여할 수 있다. 아이들의 체험교육으로도, 연인들 추억만들기의 이색 테이트로도 괜찮다. 외국인 관광객들에게는 부산의 음식문화를 체험할 수 있는 프로그램으로도 활용되고 있다. 모자랑 앞치마를 착용하면 그럴 듯한 요리사로 변신한다. 가이드 선생님의 도움을 받아 반죽하고, 형태를 만들고, 토핑 올리고, 소스 바르고, 오븐에 굽고 하면 어느새 나만의 구이어묵, 피자어묵이 만들어진다.

+ Plus Good Tip

삼진어묵에서 창설한 (사)삼진이음에서는 대통전수방이라는 지역 문화운동도 진행하고 있다. 지역 장인들의 기술을 젊은 창업 희망자들에게 전수해주는 프로그램이다. 이를 통해 주변 봉래시장의 이미지 변신 및 상권 활성화에 일조하고 있으며, 세대간 소통의 계기도 만들어가고 있다.

더불어 인근 물양장과 창고 시설을 활용한 프리마켓(M마켓)도 정기적으로 시행하고 있다. 전국의 수준 있는 마켓 운영자를 모집하여, 어느 곳에서도 쉽게 볼 수 없는 흥거운 장을 펼치고 있다. 창고 공간의 특성을 살려 젊은 공연자들의 연주나 발표, 공연을 보는 것도 꿀잼 중 하나다.

#삼진어묵 #삼진이음 #대통전수방 #M마켓
#어묵만들기

공구가 커피로 바뀌는 청춘의 '갬성'
전포카페거리

청춘의 핫 플레이스 체험하기,
독특한 디자인의 간판들은 각기 다른 감성을 보여준다

글 이정임

전포카페거리는 공구 상가가 있던 자리에 특색 있는 카페, 식당, 공방이 들어서면서 만들어진 거리다. 입소문을 타면서 알려지다가 2017년 미국의 〈뉴욕타임스〉가 '올해 꼭 가봐야 할 세계 명소 52곳' 중 한 곳으로 선정해 해외 관광객의 발걸음도 많아지는 곳이다.

📍 트렌디하다 | 힙하다 | 다양하다

공구가 커피로
바뀌기까지

부산의 중심인 서면에서 불과 몇 백m 떨어져 있지만 전포동은 공구상가로 유명했고 기름 냄새, 쇳가루, 철공소음이 가득했다. 하지만, 공간들은 시간에 따라 변한다. 오랜 시간 자리 잡았던 공구 상가는 사상의 산업용품 단지로 거의 떠나버렸다. 공구상가가 있던 자리가 듬성듬성 빠지자 거리는 쇠락했고, 그 자리에 서면 중심지의 비싼 임대료를 피해 들어온 가게들이 들어섰다. 이곳의 카페, 식당, 공방들은 작지만 유니크한 특색을 전면에 내세웠다. '청춘 갬성'의 중심지, 전포카페거리는 그렇게 시작됐다.

〈뉴욕타임스〉가 선정한
꼭 가봐야 할 세계 명소

2010년을 전후로 초창기 30여 개의 카페로 시작한 전포카페거리는 젊은 감각의 독특한 인터레어, 트렌디한 메뉴를 선보이는 카페와 레스토랑이 SNS를 통해 입소문을 타면서 번성했다. 이제는 중국, 일본, 말레이시아 등 해외 관광객들이 즐겨 찾는 국제적 명소가 됐다.

변신을 즐기자

카페거리에서는 목적지를 정하지 말고 그 냥 골목길 사이사이를 걸어 다녀야 한다. 만나는 가게들의 이름에 주목하자. 트렌디 한 감각의 속도는 빠르다. 카페거리 역시 변신이 잦다. 재미있는 간판, 혹은 찾기 힘 든 간판이 무궁무진하다. 간판 사진만 찍 어도 재미있는 놀이가 될 수 있다. 골목길 을 헤매다가 마음이 끌리는 식당, 카페, 공 방을 발견하면 들어가서 느긋하게 즐기자.

+Plus Good Tip

전포카페거리 인스타그램에 방문하면 매년 열리는 이벤트, 행사에 대한 정보와 특색 있는 상점에 대 한 소개를 볼 수 있다.

https://www.instagram.com/jeonpocafe/

#카페 #힙스터 #청춘 #커피 #공방 #트렌디 #유행

096

완당처럼 마음을 빚어보는
완당 투어

마음을 구름처럼 가볍게,
하루를 실크처럼 부드럽게 만들어보자

글 김수우

완당은 작은 만두를 넣고 끓이는 향토 음식이다. 중국(훈탕)에서 일본(완탕)을 거쳐 부산에 정착한 명물로, 외래의 맛을 부산의 맛으로 승화시켜낸 대표적 예이다. 첫 숟갈에 갑자기 삶의 고단함이 후르륵 목구멍으로 넘어가는 느낌이 든다.

📍 따뜻하다 | 부드럽다 | 시원하다 | 매끈매끈하다

전통을 만든 마음, 전통을 가꾼 솜씨

1947년에 서구 부용동에 문을 연 18번 완당집은 역사와 전통을 자랑한다. 3대로 이어지며 영업을 하고 있는 부산 완당의 전통을 유지하고 있는 음식점이다. 전통을 창조하고 가꾸는 마음이 어떤 것인지 먹거리로 설명한다고 할까. 마음과 솜씨가 최소한의 두께 속에서 어떻게 어우러지는가를 잘 보여준다.

끊길듯 끊기지 않는 부드러움

만두피와 소를 엄지손가락 크기로 잘게 빚어 맑은 탕국으로 끓여낸 부산만의 완당은 국물이 시원한데다 얇고 보들보들한 건더기 '완당'까지 부드럽기 이를 데 없어, 입안에서 스르르 녹는 듯하다. 갑자기 몸안의 긴장이 풀리는 느낌이다. 그래서 완당은 숙취 해소에 좋은 해장 음식으로 치기도 한다. 완당은 남포동 18번 완당집, 광안동 두보 완당 등으로 번져가며 차츰 부산의 특징적 맛으로 자리 잡았다. 빠르고 역동적인 부산만 보던 사람들에게 부산의 숨은 모습, 부드럽고 야들야들한 모습을 느끼게 할 수 있는 맛이다.

+Plus Good Tip

같이 준비되어 있는 발국수(메밀), 돌냄비 우동, 냄비우동, 유부우동, 튀김우동, 유부초밥, 김밥 등도 곁들이면 갑자기 삶이 든든해진다. 마음이 풀린다면 길 건너편에 동아대학교 부민캠퍼스 석당박물관으로 가보자. 임시수도 정부청사로 사용했고, 옛 경남도청 청사였다. 건축사적 가치가 높은 아름다운 건물이다. 그 위쪽에 있는 임시수도기념관도 아름다운 산책로로 연결되어 있다.

#맛집 #완당만두피 #이은줄

097

공간 증식에 맛들인
신기산업

세 카페 중 자신의 감성에
가장 와닿는 스타일 찾기

글 이승헌

영도 청학동에 핫플 카페들이 점차 늘어가고 있다. 카페의 세련된 인테리어도 멋지지만, 사람들을 더욱 매료시키는 것은 툭 트인 바다와 도시 전체를 볼 수 있는 조망 때문이다. 부산항대교의 불빛이 들어오고 밤바다에 비친 도시의 야경은 손에 잡힐 듯한 친밀감으로 다가온다.

📍 핫하다 | 역발상하다 | 정갈하다

컨테이너 형태의 카페

신기산업은 철제 사무용품을 제조하는 회사다. 영도 청학동 산복도로를 끼고 밀집된 주택가에 자리하고 있던 공장동 건물을 어느 날 허물고는 새 건물을 지었다. 컨테이너를 적재한 듯한 독특한 외관이 인상적이다. 요즘 유행하는 소위 인더스트리얼한 멋을 낸 것이다. SNS에 입소문이 나기 시작하더니, 교통편도 불편한 이곳에 많은 젊은 고객들이 찾아왔다. 바다와 산, 그리고 도시 전역이 겹쳐 보이는 파노라마 조망은 그동안 경험해보지 못한 낯선 장쾌감을 제공한다.

핫플레이스의 증식 현상

공간의 새로운 실험에 대한 대중적 공감력을 확인한 신기산업은 인근의 집과 건물을 사들여 흥미로운 공간을 자꾸 만들고 있다. 일종의 핫플레이스의 증식 현상을 보이고 있다. 유치원을 리모델링한 신기숲은 기존 신기산업 카페와는 전혀 다른 콘셉트이다. 나무로 둘러싸여 있던 장소의 속성을 역발상으로 활용하였다. 액자 같은 큰 창을 내어 우거진 숲의 분위기를 실내로 끌어들인 것이다.

최근에는 이상한 물건들 천지인 신기잡화점을 열었고, 동네 작은 서점을 지향하는 신기당, 떡볶이, 어묵 등을 먹을 수 있는 식분도영, 그리고 흰여울마을에 지중해풍 카페인 신기여울까지 오픈했다. 신기산업의 공간 증식을 따라가며 체험해보는 것은 브랜딩의 시대에 콘텐츠 마케팅에 대한 좋은 학습 자료가 되지 않을까 싶다.

대중들이 말하는 핫플레이스는
〈장소 애착〉이다.
매력적인 곳에서 느낀 감흥에
애정을 가지고 아끼는 마음이다.
다행히 부산에 이런 매력 공간들이
하나둘 자꾸 늘어나고 있다.
매력적인 공간이 늘어나면
우리의 삶도 더욱 풍성해질 것이다.

+Plus Good Tip

신기산업에서 도보로 5분 거리에 또 하나의 핫플
레이스가 있다. 카린 영도플레이스. 정말 스타일이
전혀 다른 카페다. 신기산업과 신기숲, 카린 영도
플레이스, 이 세 곳을 왔다 갔다 하면서 자신에게
가장 잘 맞는 스타일이 무엇인지 느껴보는 것도 재
밌는 일이다. 카린은 소위 스칸디나비아풍의 정갈
하면서 친자연적인 느낌의 인테리어가 특징이다.
층마다 컬러톤이 절묘하게 세련되며, 특히 세팅되
어 있는 가구의 수준이 남다르다. 빼놓을 수 없는
매력 포인트는 넓은 수평 파노라마 창으로 들어오
는 도시의 야경. 사방이 열려 있는 루프탑도 매력
적인 장소다.

#신기숲 #카린영도플레이스 #신기당 #식분도영
#신기여울

098

빵 터지는 달콤한 투어
남천동 빵집거리

빵집마다의 갓구운
주종목 브레드를 맛보기

글 이승헌

빵은 역시 갓구워 나왔을 때가 가장 맛있다. 딱딱한 빵이라고만 알고 있던 바게트가 그렇게 부드러울 줄이야. 남천동에 포진한 수십 개의 베이커리를 순례하는 것은 빵 마니아가 아니더라도 즐거운 투어코스가 된다. 빵집 지도가 만들어져 있으니 반드시 활용하자.

📍 향기나다 | 맛있다 | 풍미있다

빵천동을 아시나요

반경 1km 내에 빵집 20여 곳이 집중 포진 해 있는 남천동을 일컬어 요즘 '빵천동'이 라 부른다. 그것도 그 유명한 프랜차이즈 빵집이 아닌, 각기 노하우를 가진 파티셰 들의 동네 빵집들이다. 주변에 주거지도 많고, 학원가로 인해 학생들의 수요도 많 아서 하나둘씩 생기던 것이 하나의 빵집 클러스터가 된 것이다. 그 덕에 전국 빵덕 후들은 이곳 집집마다의 대표 빵을 맛보러 빵집순례를 온다.

대표선수들과 빵집순례

갓구워 나오는 시간에 맞춰서 달콤한 빵집 투어를 해보자. 메트르 아티정은 크루아상 과 바게트로 유명하다. 갓구워낸 바게트를 먹어보고는 부드러움에 기절할 뻔했다. 하 드한 식사빵으로 차별화를 한 무슈뱅상의 뺑오르방도 맛봐야 한다. 홈메이드 타르트 를 선보이는 무띠도 가봐야 한다. 단팥빵 을 사랑하는 사람들은 시엘로와 홍록당의 식감 차이를 비교해보자. 그리고 브레드슈 가의 티라미수의 풍미도 즐겨보자.
대표빵만 골라서 먹는다 하더라도 사실 돈 이 쏠쏠찮게 나간다. 한 번에 모든 걸 다 먹어볼 순 없겠지만, 촉촉하고 고소하게 눈, 코, 입을 자극하는 빵들의 각축을 하나 하나 둘러보는 것만으로도 무한한 즐거움 이 아닐 수 없다.

빵집투어를 하다가 우연히 발견하는 곳이 보성녹
차 팥빙수다. 얼음을 즉석에서 갈아서 팥을 가득
올리고는, 녹차 분말을 데코로 살짝 뿌려 내는 그
야말로 옛날식 빙수집이다. 주택가 밀집지역 예상
치 못한 위치에 대나무 숲으로 둘러져져 있는 기이
한 장소. 시원한 팥빙수 한 그릇을 보태니컬 숲
속 자리에 앉아서 먹노라면 짧은 현타가 온다. 시
간을 순간 이탈한 듯한 느낌이랄까. 더운 여름날에
는 더위는 물론 정신까지 확 깨워준다.

#빵지순례 #빵집투어 #빵덕후 #팥빙수

099

산복도로 꼭대기의 적산가옥
초량1941

적산가옥을 개조한 우유카페에서
예쁘게 디자인된 우유를 마시다

글 이정임

초량1941은 일제강점기에 지어진 적산가옥을 개조해서 만든 우유카페다. 건물의 외관도 멋지지만 안에 놓인 소품 등도 빈티지 풍으로 꾸며 소소하고 정겹다. 여러 종류의 우유를 유리병에 담아 판매하고 있다.

📍 레트로하다 | 핫하다 | 신선하다

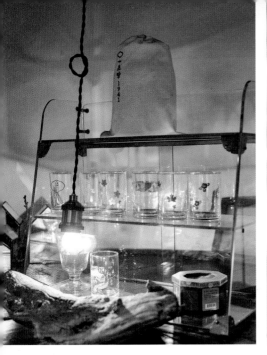

부산시가 뽑은
낭만카페

초량1941은 일제강점기 적산가옥을 개조해서 만든 우유카페다. 최근 부산시가 부산만의 독특한 문화를 담은 지역별 카페 투어 코스를 제작하면서 낭만카페 35선을 선정했는데 동구에서는 문화공감수정과 초량1941 두 군데가 선정됐다. 부산이라는 도시 안에 있지만 초량동 산복도로 쪽으로 올라와야 한다. 그래서 도심과 동떨어진 고즈넉한 분위기를 느낄 수 있다.

적산가옥 특유의 이국적인 분위기도 카페의 매력을 살린다. 드라마 〈그냥 사랑하는 사이〉에서 '옛것을 잘 살린 건축 공간'으로 나올 정도다. 적산가옥의 외관이 독특하고, 인테리어 소품 등도 빈티지 풍으로 꾸며 아기자기하고 소소한 것이 정겹다.

우유라는 평범함에, 선택지는 특색 있게, 디자인은 특별하게

바닐라 우유, 홍차 우유, 말차 우유 등 여러 가지 종류의 우유를 주문하면 유리병에 담겨 나온다. 어린 시절 병에 담긴 배달 우유를 마셔본 사람이라면 향수를 느낄 것이고, 그런 경험이 없더라도 디자인된 우유를 마시는 신선한 기분을 느낄 것이다. 다 마시고 난 후 유리병은 기념품 삼아 가지고 가도 된다. 빈티지한 인테리어 덕에 아기자기한 인증샷 장소로 널리 알려지고 있다. 하지만 촬영목적 방문은 불허하니 참고하도록 하자.

+ Plus Good **Tip**

입장고객은 1인 1음료 주문 필수.
관광 및 촬영목적의 내방은 불가.
애완견 동반 DSLR카메라 및 노트북 지참 불가.
식사를 겸하고 싶다면 바로 옆에 있는 초량845를 이
용해도 좋다.
초량845는 카페 겸용 식당이다.

• 주소: 부산 동구 망양로 533-5
• 영업시간: 11:00~19:00 매주 월요일 휴무

#적산가옥 #소소한_일상 #아기자기 #인증샷
#병우유 #추억

100

맛보다 더 맛있는 조망
메르씨엘

미슐랭 선정 레스토랑의
정통 프렌치 요리 맛보기

글 이승헌

바다(la mer)와 하늘(le ciel)이 맞닿아 있는 곳에서의 우아한 식사. 욜로 시대에 자신을 위로하는 한 가지 선택일 수 있다. 맛의 즐거움 이상으로 밤바다와 해운대해수욕장의 야경은 황홀경에 이르게 한다. 테라스의 기분 좋은 바닷바람으로 절로 행복감이 든다.

📍 황홀하다 | 맛있다 | 낭만적이다

정통 프렌치 레스토랑

전국 미식가들에게 잘 알려져 있는 정통 프렌치 레스토랑 메르씨엘. 프랑스 관광청이 세계 최고의 맛집 1,000곳을 선정하는 '라리스트(LA LISTE) 2019'에 이름을 올릴 만큼 명성이 자자하다. 유명 셰프의 코스요리(스테이크, 아뮤즈부시, 수프, 그라탕 등)를 한 번쯤은 먹어보자. 조금 덜 부담스러운 경험을 하려면 평일 점심의 '스피드 런치'를 이용하면 된다.

끝 지점에서의 조망

메르씨엘은 달맞이언덕의 휘돌아가는 끝 지점에 위치해 있다. 그러다보니 전면은 오로지 망망대해 오션뷰다. 테라스로 나가서 고개를 돌리면, 해운대해수욕장과 동백섬, 광안대교의 근원경을 둘러볼 수 있다. 바다와 하늘이 맞닿은 곳이라는 이름에 걸맞는 최상의 조망은 식사의 즐거움을 배가시키기에 충분하다. 낭만적인 야경을 배경으로 생일파티나 기념일을 보내는 것은 탁월한 선택이다.

"처음 오픈할 때부터 파리지안 음식이라고 했었지,
한 번도 프렌치 레스토랑이라고 한 적이 없다.
사실 '파인다이닝'이란 돈을 벌자고 하는 것이 아니고,
우리가 할 수 있는 최선을 보여주고
그것에 대한 가치를 인정받는 것이라 생각한다."
- 윤화영. 메르씨엘 셰프

더불어, 카페와 갤러리

꼭 식사를 하지 않는다면, 1층의 카페(살롱 드떼)나 지하 2층의 갤러리를 이용해도 괜찮다. 넓은 창으로 스며드는 따스한 햇빛과 찬란하게 반짝이는 바다를 보면서 깊은 숨고르기를 해보자. 일상 속에 잠깐의 여유로움이 살아갈 이유와 에너지를 불러일으킬 것이다.

 +Plus Good **Tip**

메르씨엘 근처에 있는 건물들의 창문 형태를 보면 매우 흥미로운 점을 발견할 수 있다. 바다를 대면하고 있는 건물들은 조망에 대한 어떤 욕구들이 있을까? 가구매장인 쎄덱 부산점의 경우 콘크리트 벽면에 가로로 긴 창을 두어 바다와 해수욕장의 모습이 파노라마처럼 보이게 했다. 그 옆에 있는 드림플란트치과의원은 진료실보다 더 높은 층에 대기실을 두어 진료 환자들에게 VIP 느낌을 주려 했다. 오션어스사옥은 외부로 돌출된 불규칙 흰색 프레임 구조물로 인해 전혀 다른 바다 조망이 형성되도록 했다.

#해운대 #프랑스요리 #레스토랑 #쎄덱

101

산이 만든 맛
산성마을과 금정산성 막걸리

산성마을에서 금정산성 막걸리로
낮술 한잔하기

글 송교성

명산인 금정산에 자리 잡은 산성마을에서는 고즈넉한 부산 여행의 백미를 체험할 수 있다. 산성마을에서 만들어지는 토속주 금정산성 막걸리는 수려한 자연환경 속에 가장 잘 어울리는 술이다. 자연을 벗 삼아 빈둥거리며 여유를 부려보자.

수려하다 | 여유롭다 | 아름답다

500년 전통의 유가네 누룩과 금정산의 암반수를 사용하여
옛날 막걸리 맛을 그대로 느낄 수 있는 살아있는 쌀 막걸리

- 금정산성 막걸리 소개 글

산의 도시 부산의 산성마을

부산 사람들도 한 번씩 관광객에게 산을 소개하는 것을 잊는다. 워낙 바다와 해수욕장이 인기이기 때문이다. 그렇지만 부산은 이름 그대로 산의 도시로, 도시 곳곳에 여행하기 좋은 산들이 많다. 특히 금정산에 자리 잡은 산성마을은 금정산 능선이 품고 있는 마을로, 수려한 자연환경 속에 흑염소 불고기 등의 먹거리와 특산주인 금정산성 막걸리를 한잔할 수 있어 등산객들이 많이들 쉬어가는 곳이다. 자동차는 물론 일반 버스를 타고도 갈 수 있어, 산을 벗 삼아 여행하기에도 좋다.

금정산에서 막걸리 한잔의 여유를

최근 수제 맥주의 인기 속에 다양한 지역에서 고유의 맛으로 제조된 막걸리도 열풍이 불고 있다. 그중에서도 금정산성 막걸리는 산성마을에서 만들어지는 독특한 토속주로, 1980년 전통 민속주 제도가 생기면서 '민속주 1호'로 등록된 술이다. 해발 400m 분지의 산성마을에서 맑은 공기 속에 마시는 막걸리는 그야말로 일품이다.

숲에서의 다양한 체험들

산성마을에는 막걸리 빚기, 도예, 힐링 숲 체험 등 자연을 벗 삼아 다양한 체험 활동도 가능하다. 무엇보다 등산로의 한 지점으로써 금정산성 북문, 금강공원 등으로 이어지는 건강 산행 코스도 추천한다. 도시를 떠나 빈둥거리며 여유를 만끽해보자.

+Plus Good **Tip**

산성마을에는 편백나무 사이에서 피톤치드의 기운을 흠뻑 마실 수 있는 허브랑야생화(유료)가 운영되고 있으며, 마을 인근에는 부산 화명수목원이 크게 조성되어 있어 식사 후 산책코스로 좋다.

#산성마을 #오리와 염소 #금정산성막걸리

시민들과 함께 발굴한 장소들

진정한 부산의 매력을 발굴하고 널리 알릴 수 있는 장이 마련되었다. 2019년 6월, 부산시와 부산연구원은 부산 시민과 전문가와 함께 부산의 정체성을 누릴 수 있는 부산만의 독특한 경험 콘텐츠 발굴사업을 시작하였다. 그 일환으로 2019년 7월23일부터 8월16일까지 부산을 색다르게 즐길 수 있는 장소와 경험 발굴을 위한 장소추천 이벤트와 시민발굴단 공개모집을 진행하였다. 그 결과, 장소추천 이벤트에는 767명이 참여하였으며, 시민발굴단 모집에는 108명이 참여하여 3.6대 1의 경쟁률을 뚫고 총 30명이 선정되었다.

시민발굴단은 가족과 여행을 다니며 사진 찍기를 좋아한다는 최연소 참가자 중학교 2학년 학생, 70대 이상 어르신들의 이야기를 듣고 전달하는 스토리텔링 작가, 부산이 좋아서 무작정 서울에서 부산으로 이사한 시민, 직장 때문에 8개월째 생활 중인 울산사람, 자전거를 타고 부산을 즐기는 방법을 알리고 싶다는 시민까지 다양한 분야와 연령대의 시민들이 참여하였다. 이들은 2019년 8월 26일 영도 젬스톤에서 부산을 알릴 준비를 하였다. 선정된 참가자들은 2019년 8월 26일부터 9월 30일까지 약 한 달간, 부산 곳곳을 다니며 자신만의 경험을 바탕으로 부산을 즐기는 100배 꿀팁과 장소 정보, 사진 등이 수록된 성과들을 발굴하였다.

제안된 105편의 시민발굴단 성과물은 전문가 평가(70%)와 시민

평가(30%)를 통해 10편을 우수작으로 선정하였다. 전문가 평가는 블라인드 형식으로 진행되었다. 1차 평가는 경험을 기준으로 25개 아이템이 도출되었고, 2차 평가는 1차로 도출된 25개 아이템을 장소를 기준으로 20개를 최종 선정하여 차별성(50점), 문학성(30점), 예술성(20점)을 바탕으로 평가했다.

시민 평가는 전문가 심사에서 선정된 20편을 대상으로 일주일간(2019.10.03~2019.10.09) 온라인으로 투표를 진행하였다. 1,832명의 시민이 투표에 참여하여 부산의 매력을 찾는 사업에 동참하였다. 그 결과, 부산을 즐길 수 있는 독특한 경험으로 항구도시 부산을 한눈에 볼 수 있는 영도와 송도의 패러글라이딩이 대상으로 선정되었다.

시민발굴단의 결과물은 부산의 오랜 경험과 새로운 경험이 함께 공존하고 있다. 영도 양다방, 산복도로, 천마산, 감천문화마을, 40계단과 조형물거리 등 오래된 경험이자 우리의 일상이었던 곳은 젊은 세대에게는 흥미로운 새로운 경험을 선사할 것이고, 영도와 송도의 패러글라이딩, 게네랄파우제, 갈매기브루잉, 뮤지엄다, 문화골목 등은 기성세대뿐만 아니라 모두에게 신선한 경험을 안겨줄 것이다.

비록 지면의 제약으로 시민발굴단의 활동내역과 성과들을 일일이 담을 수는 없지만, 그분들의 수고와 노력 덕분에 본 책자가 풍성해졌다. 시민발굴단 여러분들에게 진심으로 감사를 전합니다.

**시민발굴단
최종 결과물
(115편)**

	이름	제목
1		외로우니까 사람들은 떠난다 부산 갈맷길 1코스 2구간
2		한 폭의 수채화같은 도심속의 아담한 동삼어촌체험마을을 가다
3	김홍표	젊은 문화향기로 웃음꽃이 핀 사상인디스테이션
4		빠지고 먹고 노래부르며 걷기만 해도 행복한 길
5		부산 최고의 야경과 전망 힐링지 황령산 놀러가기
6		올리지 말아 주세요
7		굳이 먼 다대포에
8	류채우	부산 그리고 뷰산
9		그리고 아무도 없었다
10		전리단길, 그 속에대하여
11		도심 속 뚜벅이 천국이 된 회동수원지 수변길
12		아름다운 길, 걷고 싶은 부산 갈맷길 사포지향을 즐겨라
13	이정례	뚜벅뚜벅 아홉산 대나무 숲에서 힐링하고 한우먹기
14		발품을 팔아야 제대로 보이는 감천·비석문화마을
15		역사 품은 가덕도 즐기고 가덕해양파크에서 힐링하기
16	이미사	석당박물관 / 임시수도기념관 / 비석문화마을
17		해장핫스팟 - 광안리, 해운대편
18		커피를 진정으로 사랑하는 당신에게 추천하는 커피박물관
19		도심 속 나만의 휴식처, 초연 근린공원
20	김신영	자성로지하도 & 패션비즈스퀘어
21		대항새바지 인공동굴과 대항전망대의 아픈 역사 알기
22		야구 등대
23		숨겨진 벽화를 찾아라, 닥밭골마을
24		누군가에게는 일상, 누군가에게는 환상: 망양로
25	김재형	시간의 흔적을 찾아서, 매축지마을
26		영도의 색다른 맛, 봉산마을
27		그래, 마이웨이. 호천마을
28		임시수도 기념관 둘러보기
29		아이와 함께하는 초량 이바구길 걷기
30	조연주	낮과 밤의 온천천
31		키덜트들아! 전포로 모여라
32		감천문화마을, 그 옛날의 향수 속으로
33		해운대비치코밍축제
34	진선혜	성철스님의 마음 담아보기
35		감천문화마을 꽃차 만들기
36		40계단과 조형물거리

	이름	제목
37	진선혜	꽃보다 독서할배 오광봉옹
38		다대포 일몰서핑
39		을숙도 자전거투어
40	김상필	부산 패러글라이딩
41		선암사 템플스테이
42		부산항만안내선
43		'애신아씨'부산에오다. - 개화기 의상 입고 비프 거리와 용두산공원부산 타워 투어
44		부산의 인문학 향기에 빠져 보자 - 보수동 북투어 미션 체험
45	박미혜	영도에서타임머신을타고,배우가되어보자 - 양다방쌍화차체험
46		피란수도부산의스토리텔링마을 - 아미동비석문화마을과기찻길카페
47		부산의 새벽을 열다 - 부산 공동어시장 새벽 경매 체험
48	정인돈	태백산맥 바위덩어리와 자전거가 만나면 이런 소리가 나는 곳, 을숙도
49		스트레스 풀기에 이만한 곳이 또 업쓰예~ 하단5일장
50		감정이 더해진 기억, 추억의 쿤스트 204
51		초량에서 뚜벅이 문화관광 한바퀴
52	이다은	미술관이 살아있다! 미디어 아트 전문 미술관, 뮤지엄 다
53		골목 안에 공연도 보고 그림도 있고 술마시면 노래도 하네. 바람 한자락에 커피,Wine 音樂과 생맥주 Bar. 또 걷고 싶은 그 때 그 '문화골목'
54		와이어공장에서 문화예술복합공간으로 새활용된 F1963
55		내 어머니를 닮은 동백꽃…(동백섬, 해운대)
56		애거사 크리스티의 시간여행 속으로…
57	박도제	내 고장 시월 부산 별들의 고향
58		시간이 멈춘 듯 변하지 않는 포구가 있어서 즐거운 부산
59		동양의 몽마르뜨라 불리는 해운대 달맞이 고개 미술의 거리
60		부산 1세대 로스터리 카페, '휴고(HUGO)'에서 즐기는 핸드 드립 커피
61	홍수지	부산대 캠퍼스의 낭만, '솔밭집'에서 금정산성 막걸리 마시기
62		부산의 대표 브루어리, '갈매기브루잉'에서 수제맥주 마시기
63		음료로 정복하는 세계여행, 랜드마크9
64		꽃과 함께 즐기는 휴식시간, 올차
65		고즈넉한 한옥에서 즐기는 전통적인 음료, 다온나루
66	전혜진	탁트인 기장바다와 캐슬같은 웅장한 분위기, <카페드 220볼트 오시리아점>
67		한폭의 그림처럼 아름다운 노을 맛집, 신기여울

	이름	제목
96	우지혜	오복통닭
97		치즈 폭탄 남포동 이재모 피자
98	홍성종	국제시장 50년 전통의 낙지 개미집
99		부산역 밀면 맛집 초량 밀면
100		리치골드가 들어간 이색닭갈비 전문점 헬로팬 서면점
101		부산 피자와 스파게띠가 땡길때! 컨트리맨즈로 와라!
102		부산여행 청사포에서 바다뷰 보면서 맛보는 새우요리의 진수! 하와이 새우트럭
103	문태수	잊지 못할 부두의 밤
104		운동, 때로는 특별하게
105		바다 향기 품은 불빛
106	박소영	동백섬 해안산책로 – 유모차와 함께하는 해변산책로
107		금강공원 케이블카 – 아이와 떠나는 숲속으로의 여행
108		부산과학교육원 – 안녕하세요. 아인슈타인 할아버지!
109		부산해양자연사박물관 – 용왕님! 제 소원을 들어주세요.
110		연산동 고분군 – 자세히 보아야 예쁘다. 오래 보아야 사랑스럽다. 우리의 역사도 그렇다.
111	이동재	부산 걸어서 구석구석 – 금강공원 케이블카 타보기
112		부산 걸어서 구석구석 – 몰운대 일출, 다대포 낙조
113		부산 걸어서 구석구석 – 부엉산 한반도, 땅뫼산 황톳길
114		부산 걸어서 구석구석 – 천마산 일출, 일몰, 주경, 야경
115		부산 걸어서 구석구석 – 청사포 다릿돌전망대 일출, 문탠로드 산책

서종우
가능성 연구소 대표

**부산에서
다른 경험 찾기**

같은 그림 두 장을 놓고 서로 다른 부분을 찾는 게임이 있다. 요령 있게 다른 부분을 잘 찾는 사람이 있는가 하면 도무지 어디가 다른지 몰라 발만 동동거리는 사람도 있다. 이 게임이 익숙하지 않은 사람들의 습관 중 하나는 자신이 본 곳을 같은 방식으로 본다는 점이다. 여러 번 살펴보는 것은 이 게임에서 아주 중요한 기술이겠지만, 자신이 보는 그 방식을 여러 가지로 바꾸지 않으면 다른 점을 쉽게 찾아내기 어렵다. 여러 번 보는 것은 가장 기본, 그다음으로 중요한 기술은 볼 때마다 다른 기준에서 같은 곳을 바라봐야 한다는 것이다. 여러 번, 다르게 읽어내야 한다는 것. 익숙한 그림도 다르게, 그리고 두껍게 읽어낼 줄 알아야 두 그림 속에 다른 점을 찾아낼 수 있다.

'부산에서 할 수 있는 새로운 경험 찾기'가 처음에는 이 게임을 하는 것처럼 어려웠다. 너무 익숙한 도시인 데다, 이미 알만한 사람들은 웬만한 곳은 다 아는데, 어떤 새로움이 숨겨져 있을까 싶었다. 뒤지고 뒤지기를 한참 해봐도 거기서 거기였다. 본 데를 다시 보기를 반복했으나 같은 시선으로 봤으니 다른 게 보일 리 만무했다. 이미 익숙한 도시를 오랫동안 봐왔던 방법으로 바라보고 있으니 그 속에 이미 꿈틀거리고 있는 새로운 그림이 잘 보이지 않았다.

관점을 다시 디자인해야 했다. 기존 도시 사용설명서에서 제시된 분류법에서 벗어나야 했다. 건축, 역사, 문화, 인물 등의 기준으로 한 도시를 읽게 해서는 안 되겠다는 생각이 들었다. 도시가 가진 사실이나 기억을 기반으로 그 속에서 지역민과 타지 방문객들이 한 경험을 중심으로 다시 재분류하는 것이 필요했다. 그 기준을 무엇으로 할지에 대해 많은 논의를 거쳤다. 부산에 사는 사람, 부산에 살다 떠나 다른 도시에서 사는 사람, 다른 도시에서 태어나 부산에서 사는 사람, 부산을 한 번씩 여행하는 사람 등등 서로의 입장에 따라 부산에 대한 느낌, 생각을 최대한 묶을 수 있는 그 틀이 무엇일지 고민을 이어갔다.

경험이라는 게 사람마다 다르고 언제, 누구와 어떤 방법으로 하는지에 따라 각양각색이기 마련인데, 경험에 따라 도시를 바라보는 게 어떤 의미로 다가갈 수 있을지 안개 속을 손만 내밀고 걷는 기분이었다. 몇 가지 어려움으로 인해 초반에 많은 시간을 허비했다 할 정도로 논의가 부진했다. 그 어려움의 첫째는, 경험을 중심으로 도시를 바라본다는 것이 무엇인지, 둘째, 경험이 그야말로 코에 걸면 코걸이 귀에 걸면 귀걸이처럼 제각각인데 어떤 것을 꼽을 것인지, 셋째, 수많은 경험을 묶을 새롭고 풍부한 분류 기준은 어떤 것인지, 난감했다. 선을 지우기만 하면 될 텐데, 선 안에 갇혀 이러지도 저러지도 못하는 동자의 심정이 이랬을까 싶었다. 익숙함에 젖어 새로움을 읽을 수 없었다.

특정 소수가 기준선을 긋는 것은 방법이 될 수 없었다. 안목 높은 전문가가 할 수 있는 것도 아니었다. 사람에 따라, 시대적 환경에 따라 도시 경험을 몇 가지로 특정할 수도 없었다. 정리하고 규정하는 기존 방식으로는 다양한 도시 경험치를 담아낼 수 없겠다는 생각에 이르렀다. 이미 시대는 바뀌어 있었다. 전문가의 시대는 점차 희미해지고 이제 보통 사람이 가진 새로운 해석이 주목받는 시대가 됐다. 세상 사람들이 서로 소통할 수 있는 통로가 신문과 방송 등으로 좁은 게 아니라 SNS로 확장되면서 전문가의 안목 높은 식견 못지않게 비전문가의 개인적 취향과 기호, 선택과 추천이 시선을 끌고 있다. 101가지를 선정하는 방법으로 부산 시민의 참여가 필요했다. SNS 공모를 통해 시민 의견을 수렴했다. 처음 예상과는 달리 기대 이상으로 많은 시민이 참여했다. 그리고 서른 명의 '시민발굴단'을 선발해서 한 달 동안 새로운 부산을 캐내 달라고 부탁했다. 시민발굴단의 면모가 매우 다양했다. 중학생부터 일흔을 넘긴 분까지, 직업도 마을해설사부터 교사, 의사, 사진가 등 살아온 인생이 다채로웠다.

경험되어진 것을 경험하는 시대

유명인들이 이미 경험한 것을 좇으며 그가 한 경험을 고스란히 흉내 내는 여행이 인기다. 그래서 이번 발굴 작업에서는 경험된 것을 경험하게 하지 않으려고 애썼다. 부산 시민이 참여한 수천 건의 장소와 경험 추천 가운데 이미 잘 알려진 경험은 솎아냈다. 익숙한 부산에서 낯선 부산을 길어 올리려 노력했다. 부산이라고 하면 떠오르는 대표적인 명소들이 빠진 이유다. 또한, 너무 개인적인 느낌이나 경험치도 걸러냈다. 낯선 느낌은 중요하지만 많은 사람에게도 충분한 공감을 불러일으킬 수 있는 점을 살리려고 했기에, 흥미롭지만 대중적이지 못한 것들도 지양했다. 골라내고, 버리고, 다시 해석하고, 의미를 붙이는 작업을 거듭했다.

기획팀과 필진이 모여 여러 번 이야기를 나누며 알게 된 게 있다. 우선 같은 장소에서도 서로가 느낀 강렬한 경험이 다르다는 점이다. 그 장소에서 어떤 경험을 최고로 꼽을 것인지 경쟁이 아닌 선의를 바탕으로 한 논쟁이 필요했다. 많은 논의를 통해 장소와 경험을 합의한 다음 생각지도 못한 문제가 부상했다. 글과 사진의 맥락을 일치시키는 문제가 생각보다 쉽지 않았다. 경험치가 계절적 요인이 있는 터라 경험이 글로 완성되기 이전에 사진부터 먼저 찍어둬야 하는 일도 있었다. 영글지 못한 말과 글이 오가며 서로가 가진 경험의 차이는 보는 방식과 담는 그릇을 사뭇 다르게 빚게 했다. 앞을 못 보는 생쥐들이 코끼리를 만지고 돌아와 그 형상을 설명하는 것처럼 그 전체 경험을 담아내는 하나의 맥락을 잡아내는 데 어려움이 있었다. 막바지에 이런 생각이 들었다. 이런 과정이 경험을 중심으로 도시를 바라보는 작업이 가진 의미다, 서로 다른 경험에 따라 같은 경험도 다른 느낌과 해석으로 이어지고, 그런 하나일 수 없는 경험이 도시의 정체성을 형성한다고.

세 명이 함께 길을 걸으면 그 속에는 반드시 스승이 있다 했다. 같은 길을 걷고 있고 같은 방향을 바라볼지라도 개인마다 가진 경험과 떠올리는 생각이 다르기 때문이다. 한 장소에 대한 경험과 생각, 느낌은 같기도 하고 매우 다르기도 했다. 어떤 사람에게는 아주 강렬한 경험이었던 것이 누구에게는 기억에 흔적도 남지 않는 경우가 있다. 자신이 어떤 사람과 어떤 상황에서, 어떤 방법으로 그곳을 경험했는지에 따라 도시는 그 결이 수천수만 가지로 다르게 형성된다. 부산에서 할 수 있는 색다른 경험을 101가지로 정리하는 일이 힘든 이유다. 101가지 선정은 부산이 가진 매력 분출의 시작이다. 아직 가려지고 숨겨진 채 빛을 발하지 못하는 것들이 너무 많아 아쉽다.

도시에 대한 기억과 경험은 계속 진화하고 있다. 옛날 모습, 그때의 기억과 경험에만 머물러서는 도시는 생명을 이어갈 수 없다. 전통은 오래된 것만을 뜻하지 않는다. 오랫동안 살아 있는 것을 뜻한다. 오랫동안 살아 있어야 전통이 된다. 그러려면 시대를 거듭하며 달라진 세상에, 그 속에 사는 사람들에게 달라진 방식으로 그 효능을 인정받아야 한다. 도시도 마찬가지다.

101가지 선정 작업은 시작이다. 바라는 게 있다면 이번을 시작으로 부산의 새로운 경험 발굴하기가 계속 이어졌으면 한다. 이번

101가지 선정 작업을 통해 기획팀이 소망하는 것이 있다면 부산이라는 도시가 앞으로도 계속 전통을 지켜나가는 자기만의 독특하고 새로운 경험을 창조해내는 것이다. 도시는 흥망성쇠를 반복하고 있다. 익숙한 것에만 취해 있지 않고 새로운 것을 수용하고 기존의 것을 달라진 시대 환경에 맞춰 또 다른 면모로 재편집할 수 있어야 그 명성을 이어갈 수 있다. 여기 꼽은 101가지 색다른 부산의 매력이 큰 물줄기를 바꾸지는 않더라도 작은 물길을 새롭게 하나 만들었으면 좋겠다.

101가지 부산을 사랑하는 법

초판 1쇄 발행일 2020년 07월 20일
3쇄 발행일 2022년 11월 23일

지은이	김수우 이승헌 송교성 이정임
사진촬영	김주찬 김태영
사진제공	문진우 이승헌 금성근 박은진 손민수 누리부산 깡깡이예술마을사업단
	한국천주교살레시오수도회 이태석신부참사랑실천사업회
	시민발굴단_김상필 박소영
기획	BDi 부산연구원
기획운영	김형균 송교욱 오재환 김미영 양은경 이가현 서종우 목지수 장지혜
감수	김해창 조송현 박상현
자문	김용규 김영일 김은영 박명흠 박창희 차용범 이성훈
공동참여	부산관광공사 가능성연구소 사이트브랜딩 인저리타임
후원	부산광역시 BUSAN METROPOLITAN CITY
협찬	BNK 부산은행

펴낸곳	호밀밭
펴낸이	장현정
등록	2008년 11월 12일(제338-2008-6호)
주소	부산 수영구 연수로 357번길 17-8
전화	051-751-8001 **팩스** 0505-510-4675
메일	homilbooks@naver.com, bada@homilbooks.com

Published in Korea by Homilbooks Publishing Co, Busan.
Registration No. 338-2008-6.
First press export edition July, 2020.

ISBN 979-11-970222-7-2(03980)

이 도서의 국립중앙도서관 출판예정도서목록(CIP)은 서지정보유통지원시스템 홈페이지(http://seoji.nl.go.kr)와
국가자료종합목록 구축시스템(http://kolis-net.nl.go.kr)에서 이용하실 수 있습니다.
(CIP제어번호 : CIP2020028800)